农田建设培训系列教材

高标准农田建设

技术操作手册

农业农村部农田建设管理司
农业农村部耕地质量监测保护中心　编著

中国农业出版社
北　京

《高标准农田建设技术操作手册》编写组

编写人员（按照姓氏笔画排序）：

王　征　王景成　卢　静　刘爱民　吴长春
何　冰　宋　昆　周　同　张　帅　陈子雄
胡恩磊　赵　明　侯淑婷　唐鹏钦　曾勰婷
楼　晨　谢耀如

前　言
FOREWORD

习近平总书记明确指出，粮食安全是“国之大者”。党中央始终把粮食安全作为治国理政的头等大事。悠悠万事，吃饭为大。耕地是粮食生产的命根子，是中华民族永续发展的根基。地之不存，粮将焉附？保障粮食安全，关键是要保粮食生产能力，要在保护好耕地特别是基本农田的基础上，大规模开展高标准农田建设，确保需要时能产得出、供得上，推动落实“藏粮于地、藏粮于技”战略。

2018 年国务院机构改革后，农田建设管理从“五牛下地”到统一规范管理，逐渐形成了集中高效的“五统一”管理新格局。在此过程中，亟须通过提升人员素质能力来适应这一新的形势变化与任务要求。2019 年，《国务院办公厅关于切实加强高标准农田建设提升国家粮食安全保障能力的意见》明确提出要“加强农田建设管理和技术服务体系队伍建设，重点配强县乡两级工作力量，与当地高标准农田建设任务相适应”，同时，要“加强农田建设行业管理服务，加大相关技术培训力度，提升农田建设管理技术水平”。2022 年，《农业农村部办公厅关于推进 2022 年农田建设培训工作的通知》提出要针对各级农田建设管理人员、农田建设技术人员和农田建设相关高素质农民开展分类培训，加快提升农田建设领域各级管理和技术服务人员能力，推动农田建设高质量发展。

为更好地推进培训工作，农田建设管理司组织编写了《农田建设培训系列教材》。本书是系列教材之一，主要对高标准农田建设的政策制度框架、项目管理流程以及田块整治、灌溉与排水、田间道路、农田防护与生态环境保护、农田输配电以及农田地力提升等具体建设要求进行了详细的阐述，既有各项工作推进的实例，又有建设前后对比的照片，还有具体建设技术的参数指标，图文并茂、直观易懂，具有较强的可读性和参考性。本书适用于农田建设行政管理人员，项目管理人员，涉及高标准农田建设有关规划、设计、勘查、施工、监理等从业单位人员，为高标准农田建设提供产品、技术、装备服务的相关企业人员，参与高标准农田建设、管护的新型农业经营主体和其他主体等。

我国幅员辽阔，地形地貌多样，影响粮食综合生产能力的因素多种多样，各地高标准农田建设内容存在一定差异，创新性做法也不断涌现。对于总结不全面、不及时以及编写过程中可能存在的疏漏，敬请广大读者批评指正。

本书编写组

2022年10月

目 录
CONTENTS

第一篇 概 要

DIYIPIAN GAIYAO

第一章　重要意义

“民非谷不食，谷非地不生。耕地是粮食生产的命根子，是中华民族永续发展的根基。”[①] 高标准农田是旱涝保收、高产稳产的农田，是耕地中的精华。从 2007 年中央 1 号文件首次提出要加快建设旱涝保收、高产稳产的高标准农田，到 2021 年底，全国已累计完成高标准农田建设任务 9 亿亩[②]，为全国粮食产量连续多年稳定在 1.3 万亿斤[③]以上发挥了重要支撑作用。

“农田必须是良田”[④]。随着我国进入高质量发展阶段，高标准农田建设成为加强耕地保护建设工作中一项根本性、政治性、战略性的硬措施。为全面建设社会主义现代化国家，顺利实现保障国家粮食安全、坚守 18 亿亩耕地红线、促进农业农村现代化等目标任务，加快建设高标准农田显得尤其重要和紧迫。

高标准农田建设是保障国家粮食安全的重要基础。粮食安全始终是关系到国家社会稳定和国民经济持续稳定发展的重大战略问题。习近平总书记多次强调，粮食安全是“国之大者”，在粮食安全这个问题上不能有丝毫麻痹大意，“要优化布局，稳口粮、稳玉米、扩大豆、扩油料，保证粮食年产量保持在一万三千亿斤以上，确保中国人的饭碗主要装中

① 习近平．论“三农”工作．北京：中央文献出版社，2022：331.

② 亩为非法定计量单位，1 亩≈667 m^2。——编者注

③ 斤为非法定计量单位，1 斤＝500 g。——编者注

④ 习近平．论“三农”工作．北京：中央文献出版社，2022：332.

国粮”①。我国是人口大国，也是粮食消费大国。2022 年我国粮食生产实现“十九连丰”，但与此同时我国粮食进口量继续增加，端牢中国人的饭碗还有隐患。2021 年，我国总人口 14.126 亿，粮食产量 68 284.75 万吨②，进口粮食 16 453.9 万吨，同比增加 18.1%③，中国粮食对外依存度达到 19.4%。据预测，2030 年我国人口将达到 14.5 亿的峰值④，我国粮食供需紧平衡的状态将长期存在。随着粮食消费结构不断升级，粮食需求和资源禀赋相对不足的矛盾日益凸显，加之面临的外部环境趋于复杂，确保国家粮食安全的任务更加艰巨。

高标准农田建设是坚守耕地保护红线的重要手段。我国耕地资源缺口较大，可开垦耕地后备资源十分有限，城镇化和工业化快速推进带来耕地面积大规模减少的趋势仍然存在。第三次全国国土调查结果显示，截至 2019 年底，全国耕地面积 19.18 亿亩，从 2009 年到 2019 年 10 年间我国耕地净减少 1.13 亿亩。此外，在现有耕地中还有部分不能稳定利用的耕地，包括分布在 25°以上陡坡的坡耕地、分布在河道（湖区）最高水位线之下的耕地、分布在年积温小于 1 800 ℃区域的耕地以及受沙化（荒漠化、石漠化）影响的耕地。这些耕地难以长期稳定利用，未来可能逐步调整退耕。守住 18 亿亩耕地红线的任务十分艰巨。对此，2022 年中央 1 号文件强调落实“长牙齿”的耕地保护硬措施，加强耕地用途管控，其中明确高标准农田原则上全部用于粮食生产。

高标准农田建设是推进农业农村现代化的重要保障。大力推进高标准农田建设，有利于加快补齐农业基础设施短板，改善农业生产条件，切实增强农田防灾抗灾减灾能力，推动农业生产经营规模化、专业化，以基础设施现代化促进农业农村现代化。高标准农田的“高”体现在农田质量高、产出能力高、抗灾能力高、资源利用效率高。2022 年修订的《高标准农田建设 通则》(GB/T 30600—2022)将“高标准农田”的

① 习近平．论“三农”工作．北京：中央文献出版社，2022：331.

② 数据来源：国家统计局官网 http：//www.stats.gov.cn/tjsj/.

③ 全球粮食局势趋于紧张，我们该如何保障粮食安全？人民政协报，2022-07-05（第 03 版）.

④ 国务院．国务院关于印发国家人口发展规划（2016—2030 年）的通知．2017-01-25.

定义修订为：田块平整、集中连片、设施完善、节水高效、农电配套、宜机作业、土壤肥沃、生态友好、抗灾能力强，与现代农业生产和经营方式相适应的旱涝保收、稳产高产的耕地。通过大规模建设高标准农田，改善农业生产条件，粮食综合生产能力明显提升，为全国粮食产量连续稳定在 1.3 万亿斤以上发挥了重要支撑作用。同时，高标准农田建设使得项目区的生产条件和生态环境不断改善，灌排和交通体系更加完善，有利于推进土地适度规模经营和农业机械化，有效聚集生产要素，优化农业基础设施布局、结构、功能和发展模式，保障农业高效生产，促进农民增收，为构建现代农业产业体系创造条件，为促进农业农村现代化夯实基础。

第二章 建设现状

党中央、国务院高度重视农田建设，加强规划引领，强化政策支持，不断加大投入，持续改善农业生产条件。2013 年国务院批准实施《全国高标准农田建设总体规划》，各地、各有关部门狠抓规划落实，通过采取农业综合开发、土地整治、农田水利建设、新增千亿斤粮食产能田间工程建设、土壤培肥改良等措施，持续推进农田建设，不断夯实农业生产物质基础。2018 年国务院机构改革以来，农田建设管理体制机制进一步理顺，国务院批准实施《全国高标准农田建设规划（2021—2030）》，各地加快推进高标准农田建设，圆满完成了政府工作报告确定的建设任务，为粮食及重要农副产品稳产保供提供了有力支撑。

据统计，截至 2021 年底，全国已累计完成高标准农田建设任务 9 亿亩。其中，2019—2021 年，全国共建成高标准农田约 2.7 亿亩。从各地实际情况看，高标准农田建设成效明显，主要表现在 5 个方面。一是进一步提升了粮食生产能力。建成后的高标准农田粮食综合生产能力明显提升，亩均粮食产能增加 10%～20%。二是进一步增加了抗灾减灾能力。建成后的高标准农田项目区农业生产条件明显改善，对确保重灾区少减产、轻灾区保稳产、无灾区多增产发挥了重要支撑保障作用，形成了一大批旱涝保收、高产稳产的亩产“一季千斤、两季吨粮”的优质良田。三是加快了农业转型升级。高标准农田的灌排设施、农机道路等更加完善，推动了土地规模经营和机械化发展。据典型调查，与非项目区相比，高标准农田项目区机械化水平提高 15～20 个百分点，规模经营土地流转率提高 30 个百分点，新型经营主体占比提升 20 个百分点以上。四是进一步提高了资源利用效率。高标准农田有效促进了农业资源节约集约利用，实现资源的可持续性；一般节水20%～30%、节肥13%、节电30%以上、节药19%，节水、节肥、节电、节药效果明显。五是有力促进了农民增收。与建设前相比，高标准农田亩均节本增效500多元，项目区农民得到了真正的实惠。

第三章 规划目标

当前和今后一个时期内，高标准农田建设工作将按照《全国高标准农田建设规划（2021—2030年）》提出的目标任务，集中力量建设集中连片、旱涝保收、节水高效、稳产高产、生态友好的高标准农田，形成一批“一季千斤、两季吨粮”的口粮田，满足人们粮食和食品消费升级需求，进一步筑牢国家粮食安全保障基础，把饭碗牢牢端在自己手上。通过新增建设和改造提升，确保到2022年建成10亿亩高标准农田，以此稳定保障1万亿斤以上粮食产能。到2025年建成10.75亿亩高标准农田，改造提升1.05亿亩高标准农田，以此稳定保障1.1万亿斤以上粮食产能。到2030年建成12亿亩高标准农田，改造提升2.8亿亩高标准农田，以此稳定保障1.2万亿斤以上粮食产能。把高效节水灌溉与高标准农田建设统筹规划、同步实施，规划期内完成1.1亿亩新增高效节水灌溉建设任务。到2035年，通过持续改造提升，全国高标准农田保有量和质量进一步提高，支撑粮食生产和重要农产品供给能力进一步提升，形成更高层次、更有效率、更可持续的国家粮食安全保障基础。

同时，聚焦粮食生产功能区、重要农产品生产保护区，集中力量把水稻、小麦生产功能区尽早全面建成高标准口粮田，确保口粮绝对安全。针对不同地区耕地质量问题、农田设施短板和农业生产主要障碍因素，分区分类施策推进建设。东北地区重点加强工程配套，提高建设标准，防止黑土侵蚀和退化，集中打造水稻、玉米、大豆保障基地；黄淮海和西北地区突出高效节水灌溉，统筹做好新建、补建和改造提升，重点解决耕层浅薄保水保肥能力差，灌溉保障条件薄弱、田间设施老化损毁等问题；长江中下游地区要注重地力培肥措施的落实，重点完善灌排设施配套，全面提升农田抗旱防涝能力；西南、东南和青藏地区着力解决丘陵山区地块破碎、土层浅薄、地力低下、工程性缺水等问题，促进农业生产经营规模化、机械化。支持干旱缺水地区、生态脆弱地区、农业规模化集中经营区域优先实施管灌、喷灌、微灌等高效节水灌溉工程。

第四章 制度体系

为适应国务院机构改革[①]后农田建设“五统一”的新格局和“中央统筹、省负总责、市县抓落实、群众参与”的高标准农田建设工作机制，高标准农田建设制度体系也在不断健全完善。

在政策方面，近几年的中央1号文件反复强调高标准农田建设是巩固和提高粮食生产能力、保障国家粮食安全的关键举措，要多渠道增加投入，全面完成高标准农田建设阶段性任务。2019年11月，国务院办公厅印发《关于切实加强高标准农田建设提升国家粮食安全保障能力的意见》。该意见全面系统提出了今后一个时期我国高标准农田建设的指导思想、目标任务和政策要求，对全国高标准农田建设工作进行顶层设计，对构建集中统一高效的高标准农田建设管理新体制、凝聚各方力量加快推进高标准农田建设、不断夯实国家粮食安全基础具有重要意义。该文件印发后，各省份以省政府办公厅或省委农村工作领导小组名义先后出台配套的实施意见，全面夯实提升农田建设系统治理能力的政策基础。

在规划方面，2020年底，为落实党中央、国务院有关部署要求，农业农村部积极组织开展新一轮全国高标准农田建设规划修编工作。2021年8月27日，经国务院批复，《全国高标准农田建设规划（2021—2030年）》正式印发实施，成为指导各地科学有序开展高标准农田建设的重

① 详见《国务院机构改革方案》，新华社，2018-03-17. http://www.gov.cn/guowuyuan/2018-03/17/content_5275116.htm

要依据。2021 年，为完善高标准农田建设规划体系，加快推进省、市、县级高标准农田建设规划编制，农业农村部办公厅印发《关于加快构建高标准农田建设规划体系的通知》（农办建〔2021〕8 号），要求各省、市、县细化政策措施，坚持“下级规划服从上级规划、等位规划相互协调”的规划编制原则，建立自上而下、衔接协调、责权清晰、科学高效的全国高标准农田建设规划体系，明确建设目标任务、建设标准和内容、建设监管和后续管护、保障措施等规划编制的主要内容，立足“十四五”、着眼“十五五”，将建设任务分解到市、县，落实到地块。

在具体管理制度方面，农业农村部以部门规章形式印发《农田建设项目管理办法》（农业农村部令 2019 年第 4 号），并于 2019 年 10 月 1 日起施行。《农田建设项目管理办法》具有明确操作程序、简化管理流程、尊重农民意愿、落实“放管服”要求等四方面特点。该办法的出台为建立健全高标准农田建设质量管理、规范竣工验收、统一国家标识等配套制度提供了依据；对于统一规范农田建设工作，构建农田建设管理制度体系，推进农田治理体系和治理能力现代化建设具有重要意义。2021 年，农业农村部先后下发了《高标准农田建设质量管理办法（试行）》（农建发〔2021〕1 号）、《关于完善农田建设项目调度制度的通知》（农建发〔2021〕2 号）、《高标准农田建设项目竣工验收办法》（农建发〔2021〕5 号）等制度办法，明确高标准农田建设项目实行“四制”管理要求，切实加强高标准农田建设各环节质量管理；及时掌握各地农田建设项目建设进度，不断优化“定期调度、分析研判、通报约谈、奖优罚劣”的农田建设项目日常调度监管机制；按照“谁审批、谁验收”的原则，规范了高标准农田建设项目竣工验收工作。2022 年，农业农村部又修订了《高标准农田建设评价激励实施办法》（农建发〔2022〕2 号），对各省上年度高标准农田建设任务（含高效节水灌溉建设任务）完成情况和相关工作推进情况进行 6 大项 17 个小项的综合评价。综合评价得分靠前的 4 个省（原则上粮食主产区省份不少于 3 个）和较上一年评价结果相比排名提升最多的 1 个省作为拟激励省。该办法的出台，对于建立健全评价激励机制，推动各地加快高标准农田建设发挥了重要作用。

此外，农业农村部积极配合相关部门印发资金管理相关制度。国务院机构改革后，高标准农田建设中央财政资金主要由财政部管理的农田建设补助资金和国家发展改革委管理的中央预算内投资两个渠道组成。为规范高标准农田建设相关资金使用范围、资金分配下达、使用管理、监督检查、绩效评价等内容，财政部、农业农村部联合印发《农田建设补助资金管理办法》(财农〔2022〕5 号)，国家发展改革委和农业农村部等下发《关于印发农业领域相关专项中央预算内投资管理办法的通知》(发改农经规〔2021〕1273 号)，以提高资金使用效益。

在技术标准方面，2022 年 3 月，修订后的《高标准农田建设 通则》(GB/T 30600—2022）经国家市场监督管理总局（国家标准化管理委员会）批准发布，将于 2022 年 10 月 1 日起正式实施。这是 2014 年原《高标准农田建设 通则》(GB/T 30600—2014）发布后的首次修订，也是 2018 年党和国家机构改革，农田建设管理职能整合归并至农业农村部后，农业农村部牵头修订的第一个农田建设领域重要国家标准。《高标准农田建设 通则》(GB/T 30600—2022）的主要内容包括“基本原则”“建设区域”“农田基础设施建设工程”“农田地力提升工程”“管理要求”等，适用于高标准农田新建和改造提升活动。《高标准农田建设 通则》(GB/T 30600—2022）以全面提升农田质量为目标，充分考虑区域特点，统筹农田工程建设和质量建设，坚持科学布局、分类施策，目标导向、良田粮用，生态理念、注重质量等编制原则，系统完善了原《高标准农田建设 通则》(GB/T 30600—2014）相关内容与技术规范，修订后的《高标准农田建设 通则》(GB/T 30600—2022）将更好地指导农田建设高质量发展，对进一步规范高标准农田建设行为，提升高标准农田建设质量具有重要意义。

第二篇　管理操作

DIERPIAN　GUANLI CAOZUO

第一章　基本流程

高标准农田项目建设基本流程包括规划编制、前期准备、确定年度建设任务、组织实施、竣工验收，以及竣工验收后的档案管理等环节。

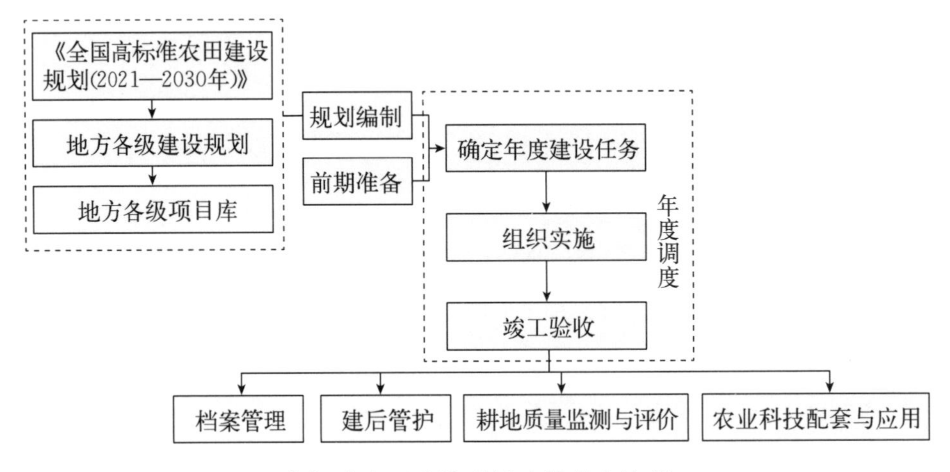

高标准农田建设项目建设基本流程

第一节　规划编制

《全国高标准农田建设规划（2021—2030 年）》明确了全国及各省（自治区、直辖市）到 2025 年、2030 年的建设任务，建立国家、省、市、县四级建设规划体系。

《农业农村部办公厅关于加快构建高标准农田建设规划体系的通知》和《农业农村部办公厅关于切实加强高标准农田建设项目管理进一步提升建设

成效的意见》要求建立自上而下、衔接协调、责权清晰、科学高效的全国高标准农田建设规划体系，体现战略性、加强统筹性、提高科学性、强化操作性，确保顺利完成《全国高标准农田建设规划（2021—2030年）》目标任务，为保障国家粮食安全和重要农产品有效供给提供坚实支撑。

一、地方各级高标准农田建设规划编制重点及审批程序

地方各级高标准农田建设规划编制重点及审批程序见下表。经批准发布实施的各级高标准农田建设规划是安排农田建设项目和资金等工作的重要依据，是今后一个时期持续推进高标准农田建设的行动指南。

规划编制要坚持“下级规划服从上级规划、等位规划相互协调”的原则，下级建设规划提出的建设目标任务和标准不得低于上级建设规划分解确定的建设任务和标准。

地方各级高标准农田建设规划编制重点及审批程序

级别	编制重点	审批程序
省级高标准农田建设规划	全面落实《全国高标准农田建设规划（2021—2030年）》确定的分省目标任务和建设要求，根据工作需要，细化建设分区，明确分区域建设任务、建设重点、建设内容和建设标准，将建设目标任务分解落实到市级	由省级人民政府批准后发布实施，并报农业农村部备案
市级高标准农田建设规划	细化落实全国和省级高标准农田建设规划的各项要求，明确区域布局，确定重点项目和资金安排，将建设目标任务分解落实到县级	经省级农业农村部门审核，市级人民政府批准后发布实施，并报省级农业农村部门备案
县级高标准农田建设规划	将建设任务落实到地块，明确时序安排，形成规划项目布局图和项目库，为项目和投资及时落地提前做好准备、打好基础	经市级农业农村部门审核，县级人民政府批准后发布实施，并报省、市两级农业农村部门备案

二、规划编制主要内容

地方各级高标准农田建设规划主要编制内容包括建设目标任务、建设标准和内容、建设监管和后续管护、保障措施等。

（一）建设目标任务

综合考虑当地耕地资源、水资源、永久基本农田面积及布局、“两区”面积、粮食产能保障、农业产业发展等因素，立足确保谷物基本自给、口粮绝对安全，以提升粮食产能为首要目标，找准有建设潜能区域，科学确定本地区高标准农田新增建设、改造提升和新增高效节水灌溉建设目标，测算本地区粮食生产保障能力。合理细化建设分区，因地制宜提出不同区域农田建设的制约短板、主攻方向以及产能目标和建设要求。科学确定高标准农田和高效节水灌溉建设的重点区域和建设布局，将建设任务细化落实到下一级行政区，确定重大工程、重点项目。东北黑土地区的高标准农田建设规划要与《国家黑土地保护工程实施方案（2021—2025年）》明确的目标任务做好统筹衔接。

（二）建设标准和建设内容

本地区高标准农田建设标准可结合本地实际制定地方相关标准，与国家标准相衔接。因地制宜确定本地区不同区域、不同类型高标准农田的亩均投资水平。合理采取田、土、水、路、林、电、技、管等方面的具体建设内容，因地制宜同步谋划整区域推进、土壤改良、绿色农田、数字农田等思路、措施。

（三）建设监管和后续管护

从建设质量管理、上图入库、竣工验收、后续管护、保护利用等方面作出相关工作安排，注重发挥土地经营者对高标准农田基础设施的维护、地力的持续提升和质量保护利用的积极性，确保高标准农田设施常用常新、地力常用常壮。相关工作举措应富有地方特色，具备较强的针对性、创新性和可操作性。

（四）保障措施

从组织领导、资金、监督、考核、激励、科技、人才等方面提出规划实施的保障措施。相关工作措施应具备较强的针对性和可操作性。

※实 例

1. 省级规划。《江苏省高标准农田建设规划（2021—2030年）》（以下简称《江苏规划》）于2022年1月15日经江苏省政府批复同意。《江苏规划》共分为七章。第一章阐述了江苏省高标准农田建设成效与做法、面临问题与挑战、实施有利条件和重要意义。第二章阐述了高标准农田建设的指导思想、工作原则和建设目标，提出了“十四五”“十五五”发展目标任务和2035年远景目标。第三章阐述了江苏省高标准农田五条建设标准、财政投资标准以及八个方面建设内容。第四章阐述了徐淮农区、沿海农区、里下河农区、沿江农区、宁镇扬丘陵农区和太湖农区六大农区的建设重点和主要建设内容。第五章建设监管和建后管护，对质量管理、上图入库、竣工验收、长效管护、保护利用等方面提出要求。第六章效益分析，阐述了经济、社会和生态效益。第七章保障措施，从加强组织领导、强化规划引领、加大资金投入、严格监督考核等方面来保障。

《江苏规划》将亩均粮食产能1 000公斤作为核心指标，突出规模化、宜机化、生态化、信息化建设，打造旱涝保收、高产稳产高标准农田。

“十四五”期间建设任务：全省建设高标准农田1 500万亩，其中新增建设900万亩、改造提升600万亩，发展高效节水灌溉91万亩。2021年、2022年以新建为重点，2023—2025年以改造提升为重点。

“十五五”期间建设任务：全省建设高标准农田1 500万亩，发展高效节水灌溉75万亩。主要是对已建高标准农田进行改造提升，深入推进高标准农田数量、质量、生态“三位一体”建设。

2035年远景目标：通过持续改造提升，全省高标准农田保有量和质量实现进一步提高，支撑粮食生产和重要农产品供给能力进一步增强。

《江苏省“十四五”全面推进乡村振兴加快农业农村现代化规划》中提出，“十四五”期间新建和改造提升高标准农田1 500万亩，到2025年全省建成5 000万亩高标准农田（约束指标），年亩均粮食产能达到1 000公斤。

2. 市级规划。《徐州市高标准农田建设规划（2021—2030年）》（以下简称《徐州规划》）于2022年1月25日经徐州市人民政府批复同意。

《徐州规划》共分为七章。第一章阐述了全市基本情况、建设成效和经验、有利条件和存在问题、推进高标准农田建设的必要性。第二章阐述了高标准农田建设的指导思想、工作原则和建设目标，提出了“十四五”“十五五”发展目标任务和2035年远景目标。第三章明确了区域分布及建设重点、任务安排。阐述了在全市八大片区（沿京杭大运河片区、沿黄河故道片区、沿徐洪河—徐沙河片区、沿沭河片区、沿微山湖片区、沿国道310片区、沿国道311片区、丰县湖西片区）推进高标准农田建设和改造提升，形成高标准农田“5211”（五河、两国道、一湖、一片区）空间布局，提出各县区建设任务和建设重点。第四章提出了五大建设标准、建设内容和具体措施。第五章提出新建、改造提升、高效节水的亩均投资和分年度投资，以及地方各级财政资金筹措情况。第六章阐述了经济、社会和生态效益。第七章从“提高思想认识、加强组织领导”“加大资金投入，统筹资金使用”“严格项目管理，精心组织实施”“加强建后管护，发挥持久效益”“加强队伍建设，提升管理水平”等方面来保障。

《徐州规划》中《徐州市高标准农田建设规划布局图（2021—2030年）》将2021—2030年新建建设任务落到片区，也提出了具体的工程内容。同时该规划中还提出了《徐州市高标准农田建设配套工程典型设计》，以稻麦基地新建（沛县2022年度高标准农田莘梨园片典型设计）、常规旱作新建（睢宁县桃园镇2022年度高标准农田规划典型设计）、稻麦基地改造提升（铜山区房村镇高标准农田改造提升项目典型规划设计）、常规旱作改造提升（新沂市时集镇高标准农田改造提升项目规划典型设计），作为全市四种典型种植模式下高标准农田新建与改造提升的设计参考。

3. 县级规划。《扬州市江都区高标准农田建设规划（2021—2030年）》（以下简称《扬州规划》）于2022年6月24日经江都区人民政府批复同意。

《扬州规划》突出粮食产能目标，将规划建设任务落实到具体田块及其时序安排，明确沿连淮扬镇、328国道、安大公路线、新淮江线、嘶华公路"一横四纵"五大区域，以建设优质粮油、高效蔬菜等优势特色产业生产基地为重点，沿线乡镇开展高标准农田新建和提质改造，形成了切实可行的规划项目布局图和项目库。同时，规划中还强调高标准农田建设要整区域推进，按照2021—2022年、2023—2025年、2026—2030年分阶段规划拟建项目位置及内容，并以规划图加以明晰，突出各阶段建设布局和重点，着力推进江都区高标准农田数量、质量、生态一体化建设。

（江苏省农业农村厅提供）

第二节　前期准备

高标准农田建设管理前期准备主要包含建立项目储备库、项目申报、初步设计文件编制、初步设计文件评审与审批等。

一、建立项目储备库

地方农业农村部门要建立高标准农田建设项目储备库制度。县级农业农村部门负责建设、维护和管理本区域高标准农田建设项目储备库。县级以上地方农业农村部门逐级汇总管理本区域高标准农田建设项目储备库。

纳入高标准农田建设项目储备库的项目应满足但不限于以下要求：

（1）符合农田建设规划；

（2）项目选址、区域范围、建设规模、建设内容和资金需求科学合理；

（3）项目区土地权属清晰，当地群众积极支持改善项目区农业生产条件；

（4）地块相对集中连片，建设后能有效改善生产条件，提高粮食产能；

（5）具备立项后及时组织实施的条件。

其中，项目储备工作已纳入《高标准农田建设评价激励实施办法》，规定“根据有关规划和要求，建立相当规模项目储备的，得 2 分，否则不得分”。

二、项目申报

农田建设项目实行常态化申报。纳入项目库的项目，在征求项目区农村集体经济组织和农户意见后，在完成项目区实地测绘和勘察的基础上，编制项目初步设计文件。

※实　例

安徽省对建立高标准农田建设项目库作出专门要求。

1. 分级建立项目库。高标准农田建设项目实行常态化申报，纳入项目库管理。各县（市、区、农场）要按照“成熟一个申报一个”的方式，动态编制农田建设项目入库材料。县级农业农村部门（农场）要组织相关部门和专家进行评审，对评审可行的项目经媒体公示后纳入项目库，公示时间一般不少于 5 个工作日。市级农业农村部门、省农垦事业管理局和省监狱管理局汇总县级（农场）项目库，形成市级农田建设项目库。省农业农村厅汇总市级项目库，形成省级农田建设项目库。

2. 项目入库基本条件。

一是符合高标准农田建设通则。入库材料由具备相应勘察、设计资质的单位编制，应达到可行性研究报告深度，具体内容应符合《高

标准农田建设 通则》(GB/T 30600)[①]要求。其主要内容包括:项目建设的必要性、建设单位基本情况、建设地点、建设条件、建设方案、投资估测及来源、效益预测、农民群众意见等。

二是符合高标准农田建设规划。各地要遵照高标准农田建设规划,合理布局高标准农田建设项目,确保所选地块能够上图入库。要优先在"两区"和永久基本农田保护区开展高标准农田建设,优先安排干部群众积极性高、地方投入能力强的地区开展高标准农田建设,优先支持脱贫地区建设高标准农田,积极支持种粮大户、家庭农场、农民合作组织和农业企业等新型经营主体建设高标准农田。要结合高标准农田建设因地制宜发展高效节水灌溉,明确采取高效节水灌溉措施的建设地点和面积。

三是征求项目区农民群众意见。要加强政策宣传,提高农民参与高标准农田建设的意愿,确保项目立项是"农民要办",而不是"政府包办"。项目区所在乡镇政府应组织相关行政村,采取民主方式征求农民意见,就实施高标准农田建设项目筹资投劳、挖压占地、青苗补偿等具体事项做出承诺,并出具相关证明材料。新型农业经营主体实施高标准农田建设项目参照办理。

3. 项目库管理。项目库管理工作作为高标准农田建设项目使用管理的重要组成部分,市、县级农业农村部门要把项目库管理纳入日常工作,实行动态管理。

一是规范项目库使用。项目库是年度项目安排的基础。从2020年开始,各地年度项目安排均应从项目库中择优选取,原则上未纳入项目库的项目不得列入年度建设任务,项目选取按管理有关要求结合实际确定。

二是及时更新调整。纳入年度建设计划的项目要及时从项目库中退出。因重大工程实施、行政区划调整、用地性质变化等因素,导致

① 本篇及之后所引用的国家标准、行业标准均不再标注日期,以其最新版本(包括所有的修改单)为准。

原项目库的项目不符合项目管理规定，要及时对项目相关内容进行修改或退出。连续三年未被安排纳入建设实施的项目，应根据项目管理相关要求，对项目内容进行修改完善，重新作为新立项项目纳入项目库管理。

三是做好项目库更新上报工作。县级农业农村部门应于每年4月和11月底，将更新调整后的项目库材料上报市级农业农村部门。市级农业农村部门、省农垦事业管理局、省监狱管理局应于每年12月1日前向省农业农村厅报送市级项目库情况表（格式参见下表）。

××市××年度高标准农田建设项目库情况表

序号	项目名称	建设地点	高标准农田建设面积（亩）	投资总额（万元）	申报单位	首次入库年度

填表说明：1. 项目名称为××市××县××乡××行政村（新型农业经营主体）高标准农田建设项目；

2. 项目建设地点为××县××乡××行政村；

3. 高标准农田建设面积应为耕地面积；

4. 申报单位为乡镇人民政府或新型经营主体。

（安徽省农业农村厅提供）

三、初步设计文件编制

农田建设项目初步设计文件由县级农业农村主管部门牵头组织编制。初步设计文件包括初步设计报告、设计图纸、概算书等，由具有相应勘察、设计资质的机构进行编制，并达到规定的深度。

高标准农田建设项目应在完成实地测绘、必要的勘察并获取项目区耕地质量与数量状况的基础上，编制项目初步设计文件。该文件应以保护和提升项目区粮食产能为首要目标，结合农艺（明确粮食品种、种植模式和目标产量）、配套农机、生物技术、经营管理等要求，因地制宜提出有关工程措施，以图纸形式说明工程建设内容和质量要求，编制工程概算。

高标准农田建设项目法人应对测绘、勘察、耕地质量等级评价、设计等单位的外业工作成果进行审核。高标准农田建设项目区现状图测绘文件比例尺应能够准确反映项目区现状并满足土地平整、灌溉与排水、田间道路、农田防护与生态环境保持等工程设计和施工精度要求。

※ 实　例

2022 年 1 月 27 日，内蒙古自治区为规范编制全区高标准农田建设项目初步设计文件，制订了《内蒙古自治区高标准农田建设项目初步设计文件编制大纲》，主要包括以下几个方面的内容。

1. 综合说明。项目背景及项目区概况，项目名称、实施地点及规模，主要建设内容及工程量，项目实施要求与进度安排，投资概算及资金筹措，建设管理和建后管护，经济评价。

2. 项目区基本概况。自然概况、社会经济概况、项目区农业基础设施现状。分析土地利用现状、农业生产状况、农田平整工程现状、农田水利工程现状、田间道路工程现状、农田防护与生态环境保持工程现状、农田输配电工程现状等工程现状，以及存在的问题，并对项目区选址合理性进行说明。

3. 水土资源平衡分析。土地利用调整规划、水资源利用及需水量、水土资源平衡分析。

4. 总体规划及建设方案。设计依据、建设任务及规模、总体规划思路及布局、建设方案。

5. 工程设计。农田平整工程设计、农田水利工程设计、水源工程设计、输配水工程设计、田间节水灌溉工程设计、排水工程设计、田间道路设计、农田防护与生态环境保持设计、农田输配电工程设计、农田土壤质量提升设计、信息化管理建设、公示牌设计、工程量分类汇总。

6. 施工组织设计。施工组织及施工条件、主体工程施工方法与要求、施工质量与安全、施工总体布置、施工进度计划。

7. 工程管理。项目建设期管理、建后管护。

8. 投资概算及资金筹措。编制原则、编制依据、费用构成、编制说明、资金筹措。

9. 经济评价。效益分析、经济评价、节水效果、社会效益和生态环境效益。

10. 附图与附件。附图应包含项目区位置图、典型地块设计图、调查机井柱状图、各类设计结构图等；附件应包含投资概算报告、设计成果图册等。

该大纲还对排版要求进行了具体说明。

（内蒙古自治区农牧厅提供）

四、初步设计文件评审与审批

省级农业农村部门会同有关部门，结合本地实际，按照有关法律法规、部门规章及相关政策要求，确定项目审批主体。省、受托的地（市、州、盟）组织或委托第三方机构开展初步设计文件评审工作。评审专家从评审专家库中抽取。项目评审专家和第三方评审机构的选取应实行回避制度。

项目审批主体应按规定对评审结果进行审定和公示。审定内容包括受托单位开展初步设计评审的材料、过程和结论的真实性、完整性、合规性、科学性等，必要时可对申报、勘测、设计单位开展面对面质询和现场抽核。拟立项的项目要向社会公示（涉及国家秘密的内容除外），公示期一般不少于5个工作日。公示无异议的项目要适时批复。

第三节　确定年度建设任务

省级人民政府农业农村主管部门依据本省农田建设规划以及前期工作等情况，向农业农村部申报年度建设需求。农业农村部根据全国农田建设规划并结合省级监督评价等情况，下达年度农田建设任务。各省级农业农村部门要明确建设重点区域，提前组织储备项目，及时将年度建设任务分解下达到县级并落实到具体项目。

地方各级人民政府农业农村主管部门应当依据经批复的项目初步设计文件，编制、汇总农田建设项目年度实施计划。省级人民政府农业农村主管部门负责批复本地区农田建设项目年度实施计划，并报农业农村部备案。

第四节　组织实施

一、项目建设期限

农田建设项目应按照批复的初步设计文件和年度实施计划组织实施，按期完工，并达到项目设计目标。高标准农田项目建设期一般为1～2年。

二、组织方式

高标准农田建设项目实行项目法人责任制、招标投标制、合同管理制、工程监理制。省级人民政府农业农村主管部门根据本地区实际情况，对具备条件的新型经营主体或农村集体经济组织自主组织实施的农田建设项目，可简化操作程序，以先建后补等方式实施，县级人民政府农业农村主管部门应选定工程监理单位监督实施。

三、严格执行设计文件

项目法人在高标准农田建设项目开工前应组织设计、监理、施工单位和项目区农民代表进行技术交底。设计单位应做好施工过程的技术指导、设计变更等后续服务工作。施工和监理单位应严格执行设计文件要求，确保设计意图在施工中得以落实。任何单位和个人不得擅自修改、变更项目设计文件。

四、材料检测

凡进入高标准农田建设项目施工现场的建筑材料、构配件和设备应具有产品质量出厂合格证明或技术标准规定的进场试验报告。施工单位、监理单位应对原材料和中间材料见证取样和送检，并对构配件和设备等进行抽检，未经检验或经检验不合格的，不得投入使用。

五、规范施工

高标准农田建设项目施工单位应严格按照国家、地方、行业有关工程建设法律法规、技术标准以及设计文件和合同要求进行施工，严禁擅自降低标准，缩减规模。施工单位应加强各专业工种、工序施工管理，未经验收或质量检验评定不合格的，不得进行下一个工种、下一道工序施工。施工单位应加强隐蔽工程施工管理，在下一道工序施工前，应通过项目法人、设计、监理单位检查验收，并绘制隐蔽工程竣工图。施工单位应建立完整、可追溯的施工技术档案。

六、项目调整与终止

项目实施应当严格按照年度实施计划和初步设计批复执行，不得擅自调整或终止。项目实施过程中，建设地点、建设工期、建设内容、单项工程设计、建设资金发生变化确需调整的，按照“谁审批、谁调整”的原则，依据有关规定办理审核批复。项目调整应确保批复的建设任务不减少，建设标准不降低。

由于自然灾害、地质情况变化、国土空间规划调整和实施国家重大建设项目等因素导致高标准农田建设项目无法实施的，项目审批主体应加强审查，根据需要及时终止项目建设。项目终止审查结果应向社会公示（涉及国家秘密的内容除外），公示期一般不少于5个工作日。

终止项目和省级部门批复调整的项目应按程序报农业农村部备案。

※实 例

湖南省岳阳市把高标准农田建设作为实施乡村振兴战略和为民办实事的重要抓手，加强统筹协调，压实工作责任，以抓进度、保质量、求创新为工作重点。

1. 压实责任，高站位推动。成立岳阳市高标准农田建设工作领导小组，逐步建立起“政府领导、农业农村部门牵头、部门协作、上下联动”的农田建设组织领导机制。按照“定期调度、分析研判、通报约谈、奖优罚劣”的总原则，进一步压实责任，明确任务。

2. 严格质量，高标准建设。**一是规范工程质量标准**。全面推行清水钢模现浇、机械振捣一次成型渠等工艺，不断提高工程质量标准。**二是建立首项首段认可制**。各施工单位建成的第一项工程、第一段机耕路（排灌渠道）都要经过业主和监理单位质量标准认可，确认达标后才能后续施工，确保工程质量标准统一。**三是开展分类样板示范**。按照水源工程、灌排渠道、机耕道路等不同类型工程，分别建设1～2个样板进行典型示范，促进项目工程质量标准平衡统一。**四是严格施工单位考核评比**。施工期间业主、监理、乡镇、村组联合对施工企业在建设进度、工程质量、施工管理、工程资料等方面进行考核管理。

3. 规范管理，高质量推进。积极探索高标准农田建设项目管理方式方法，不断提高项目管理水平，逐步形成“五个规范”。**一是规范项目规划设计**。设计前期阶段，采取依托专业设计单位，县农业农村局技术专干全程参与，听取当地村组建议相结合的模式，确保把规划设计做实做细，尽量减少项目实施过程中的计划变更。**二是规范项目评审制**。建立了“岳阳市农田项目评审专家库”，从专家库中随机抽取专家，按照“项目评审流程图”对项目进行集中评审和严格审查，通过定量分析和定性分析相结合、动态分析和静态分析相结合的方法，对项目进行综合评价，确保项目申报质量。**三是规范工程招投标**。在项目设计、监理、施工等各个重要环节严把准入关，把所有应纳入招投标的事项全部纳入公开招投标范围，公开招投标率达到100%。**四是规范工程监理模式**。建立了政府监督、专业监理、群众参与、保险保障的"四位一体"的农田建设工程监管模式。**五是规范项目公示制**。通过媒体对年度实施项目及时向社会公示。各县市区采用固定公示牌的形式，对整个项目建设内容和资金使用等情况向当地进行全面公示。

4. 创新引领，高水平示范。

一是创新高标准农田建设思路。坚持践行新发展理念，探索创新工作思路，注重项目建设与改善农村人居环境相结合。

二是创新农田项目建设工程质量保险试点。湘阴县2020年作为全省首批农田工程质量保险试点县，与人保财险湘阴支公司联合推出了创新性项目险种，起草制定了相关试点工作操作流程和实施办法，并签订了"农田建设建筑工程质量保险"试点协议。

三是创新新型经营主体参与高标准农田建设试点。印发《关于申报新型经营主体参与高标准农田建设试点的通知》，积极推动新型经营主体参与高标准农田建设试点工作。2021年，推荐岳阳县幼雄水稻专业合作社开展新型经营主体参与高标准农田建设试点，带动社会资本投资100万元用于项目建设。

（湖南省农业农村厅提供）

第五节　竣工验收

项目竣工验收按照"谁审批、谁验收"的原则，由项目初步设计审批单位组织开展，并对验收结果负责。

一、申请竣工验收项目应满足的条件

（1）按批复的项目初步设计文件完成各项建设内容并符合质量要求；有设计调整的，按项目批复变更文件完成各项建设内容并符合质量要求。完成项目竣工图绘制。

（2）项目工程主要设备及配套设施经调试运行正常，达到项目设计目标。

（3）各单项工程已通过建设单位、设计单位、施工单位和监理单位四方验收并合格。

（4）已完成项目竣工决算，经有相关资质的中介机构或当地审计机关审计，具有相应的审计报告。

（5）前期工作、招投标、合同、监理、施工管理资料及相应的竣工图纸等技术资料齐全、完整，已完成项目有关材料的分类立卷工作。

（6）已完成项目初步验收。

二、项目竣工验收的主要程序

项目竣工验收的主要程序依次为县级初步验收、申请竣工验收、开展竣工验收、出具验收意见和档案整理。

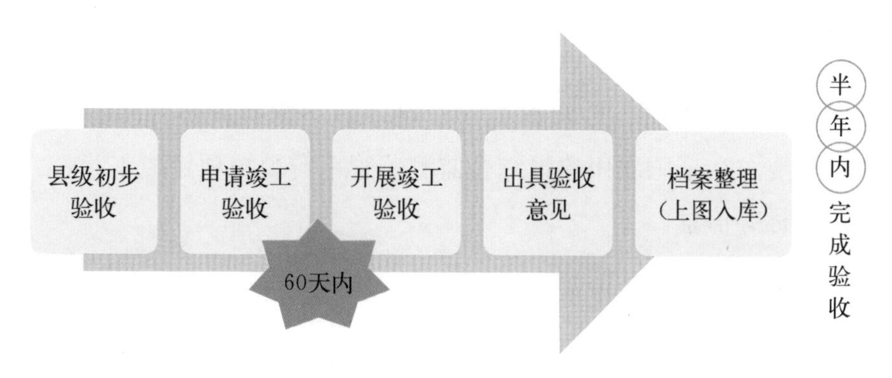

高标准农田建设项目竣工验收程序示意图

1. 县级初步验收。项目完工并具备验收条件后，县级农业农村部门可根据实际，会同相关部门及时组织初步验收，核实项目建设内容的数量、质量，出具初验意见，编制初验报告等。

2. 申请竣工验收。初验合格的项目，由县级农业农村部门向项目审批单位申请竣工验收。竣工验收申请应按照竣工验收条件，对项目实施情况进行分类总结，并附竣工决算审计报告、初验意见、初验报告等。

3. 开展竣工验收。项目审批单位收到项目竣工验收申请后，可通过组建专家组，邀请工程、技术、财务等领域的专家参与，或委托第三方专业技术机构组成的验收组等方式开展竣工验收工作。验收组通过听取汇报、查阅档案、核实现场、测试运行、走访实地等多种方式，对项目实施情况开展全面验收，形成项目竣工验收情况报告，包括验收工作组织开展情况、建设内容完成情况、工程质量情况、资金到位和使用情况、管理制度执行情况、存在问题和建议等，并签字确认。项目竣工验收过程中应充分运用现代信息技术，提高验收工作质量和效率。

4. 出具验收意见。项目审批单位依据项目竣工验收情况报告，出具项目竣工验收意见。对竣工验收合格的，核发竣工验收合格证书。对竣工验收不合格的，县级农业农村部门应当按照项目竣工验收情况报告提出的问题和意见，组织开展限期整改，并将整改情况报送竣工验收组织单位。整改合格后，再次按程序提出竣工验收申请。

5. 档案整理（上图入库）。项目通过竣工验收后，县级农业农村部门应对项目建档立册，按照有关规定对项目档案进行整理、组卷、归档，并按要求在全国农田建设综合监测监管平台填报项目竣工验收、地块空间坐标等信息。

三、项目竣工验收的时间要求

高标准农田建设项目完工后，应在半年内完成竣工验收工作。项目审批单位在收到县级农业农村部门的项目竣工验收申请后，一般应在60天内组织开展验收工作。

※实　例

江西省高标准农田建设统筹谋划，紧凑安排从任务下达至竣工验收到移交管护十项流程的时间节点和工作要求，确保全省高标准农田建设在一个年度内建成并完成上图入库。

1. 下达建设任务（上年度12月前）。采取“自下而上”填报和“自上而下”审核的方式，即由各设区市和项目县（市、区）先进行建设需求填报，再由省级审核并综合考虑各市、县耕地面积、水田面积、永久基本农田面积和已建成高标准农田面积等因素，确定各市、县年度建设任务，经省高标准农田建设领导小组会议审定后，由省农业农村厅以文件形式下达。

2. 制定实施方案（当年3月31日前）。各设区市和项目县（市、区）根据省级下达的建设任务，制定年度项目实施方案，落实好建设地点，明确建设内容、资金需求和保障措施。

3. 开展勘测设计（当年4月30日前完成勘测和设计单位招投标，5月底前完成项目区实地勘测工作，6月底前完成项目初步设计）。由勘测单位对项目区高标准农田开展实地勘测，出具拟建设区域现状图；由设计单位对项目建设内容、工程概算等进行设计，并充分征求项目区群众意见后，出具初步设计方案。

4. 初步设计方案评审（当年7月31日前）。项目设计方案编制完成，并经县级主管部门审核无异议后，向设区市农业农村局提请组织设计方案评审。项目设计评审采用专家负责制，专家组成员从省级高标准农田建设专家库中遴选。通过评审的项目初步设计由市级农业农村局进行批复。

5. 工程造价评审（当年8月15日前）。由项目法人委托县财政局评审中心或其他有资质单位对工程造价合理性进行评审。

6. 施工和监理单位招投标（当年9月底前）。由县级农业农村部门组织实施。高标准农田建设施工和监理单位招投标，根据国家有关规定，通过公开招投标方式确定。

7. 田间施工（当年10月底或11月初前即晚稻收获后开始田间施工，次年4月底前即早稻栽插前完成田间工程建设）。项目实施由县级农业农村部门作为项目法人，经县领导小组同意，可授权相关县级单位或项目所在乡镇担任二级法人，具体承担工程施工监管工作。施工单位开展高标准农田施工，监理单位受法人委托对高标准农田建设工程进行监理。

8. 验收考评。江西高标准农田建设项目验收考评采取单项工程验收、县级自验自评、市级全面验收和省级抽查方式。

(1) 单项工程验收（次年5月30日前完成）。单项工程完工后，由项目施工单位向一级法人提出验收申请。一级法人收到单项工程验收申请后，聘请有资质的单位开展竣工勘测，明确项目区高标准农田、新增耕地、旱地改水田的界线和面积，并出具竣工勘测报告；同时委托有资质的中介机构编制竣工结算书，开展耕地质量等别、等级评定，并出具报告。验收组依据施工招标合同约定，逐项验收单项工程的完成数量和质量，出具单项工程验收报告。

(2) 县级自验自评（次年6月30日前完成）。县域范围内所有标段单项工程完成验收后，项目一级法人向县高标准农田建设领导小组提出县级自验自评申请，县高标准农田建设领导小组收到自验自评申请后5个工作日内，组织开展县级自验自评工作，出具自验自评报告。

(3) 市级全面验收（次年7月31日前完成）。县级自验自评完成后，县高标准农田建设领导小组向市高标准农田办公室提出市级全面验收申请，市高标准农田办公室收到全面验收申请后，7个工作日内组织市级全面验收工作，并分县出具全面验收报告。

(4) 省级抽查（次年10月31日前）。项目县高标准农田建设项目通过市级全面验收，完成验收阶段上图入库，并在全国农田建设综合监测监管平台中完成报备后，由市高标准农田建设领导小组向省高标准农田办公室提出省级抽查申请，省级抽查组随机从项目县抽查10%以上面积比例的高标准农田（3%左右地块应与市级抽查的地块重叠），抽查完成后分设区市、分县形成省级抽查报告，并对各市、县（区）高标准农田建设总体情况进行集中评议，将评议结果报省高标准农田领导小组会议审定。

9. 上图入库（当年7月31日前完成项目立项阶段信息上图入库，次年5月31日前完成项目实施阶段信息上图入库，次年9月30日前完成项目验收阶段信息上图入库，项目开工后每月10日前完成上月的实施进度填报）。高标准农田项目要将项目立项、实施和验收三个阶段的信息全部上图入库。上图入库需要提供项目区套合土地利用现状图的范围线（拐点坐标）、设计方案、施工方案、竣工验收材料及其他相关的文本、图表等基础数据。

10. 管护利用。项目验收合格后，县农业农村部门登记造册，签订协议移交所在乡镇，由乡镇移交土地产权所有者管护。各项目县（市、区）足额安排建后管护财政预算，落实管护主体和管护人员，建立考核奖惩机制。严格用途管控，加强对建成高标准农田的用途监管，坚决杜绝“非农化”“非粮化”，高标准农田原则上全部用于粮食生产。

（江西省农业农村厅提供）

第二章　流程管理

流程管理包括人员培训、上图入库、定期调度、考核评价、资金执行、监督检查和绩效管理等。

第一节　人员培训

2018年国务院机构改革后，为贯彻落实党中央、国务院有关决策部署，围绕“藏粮于地、藏粮于技”战略，从夯实保障国家粮食安全和全面推进乡村振兴的基础出发，农业农村部下发通知，组织各地汇集资源、深入推进农田建设培训工作，以培育并促进各类人才更好投身耕地保护建设。地方积极探索、贴合实际开展了形式多样的农田建设培训工作，有力促进了高标准农田建设工作的开展和相关管理、技术人员的能力素质提升。

一、基本原则

1. 围绕中心，聚焦“要害”。围绕全面推进乡村振兴需要，聚焦解决耕地“要害”问题，加强高标准农田建设、建后管护、耕地质量提升等领域基础知识和技术技能培训，提升管理和技术人员素质，增强农民保护耕地意识。

2. 分类施教，注重实效。坚持应用导向，把掌握知识、提高能力、落地见效作为人员培训工作的出发点和落脚点。根据不同培训对象的工作特质、关注重点等因素，有针对性地选择培训内容和方式，分类确定培训教材及师资，确保培训效果。

3. 汇集资源，合力协作。充分统筹并发挥系统现有资源和渠道优势，采取线上多元化培训与线下集中授课相结合，课堂讲授、参观考察与实践锻炼相结合的培训方式，构建多层次、全方位、宽领域、广覆盖的培训体系。

4. 鼓励探索，自主创新。国家层面出台更明确更细化的指导意见，以建立鼓励创新的容错机制，促进灵活高效的人才培训制度创新，营造鼓励地方自主创新的良好氛围。鼓励地方凝聚多方合力，自主探索完善农田建设培训的方式方法，实现培训模式的创新突破。

二、培训对象和目标

1. 重点培训农田建设管理人员，使其懂政策能操作。主要指地方各级农业农村部门从事高标准农田建设的管理人员。重点提高其在基础理论、政策法规、管理制度、具体操作等方面的素质，使其具备宣讲政策、落实工作等能力。

2. 系统培训农田建设技术人员，使其业务精技术强。主要指地方各级农业农村部门为高标准农田建设提供技术支撑的相关人员。重点培养他们推广技术、普及知识、落实工作等方面的能力，使他们成为推进高标准农田建设和耕地质量保护提升工作的技术力量。

3. 广泛培育农田建设相关高素质农民，使其既能种好地又能护好地。主要指实施高标准农田建设项目、在后续生产经营中实际利用农田或承担后续相关工程管护工作的农村集体经济组织代表，种粮大户、家庭农场、农民合作社等新型农业经营主体代表和农民代表。重点是提供有针对性的、通俗易懂的、简单可操作的培训知识和教材，帮助这些主体在短时间内接受理念、掌握技术和方法，从而培养一批熟悉具体工程建设和管护方法，符合当地农业生产实际和农田建设管护提升需要的高素质农民。

三、培训方式

1. 线下集中培训。在做好疫情防控工作的前提下，针对农田建设管理人员、技术人员、高素质农民设计不同的专题，集中于特定地点进行培训，通过统一授课、座谈交流、实地观摩、业务实践、统一考核等学习形式，使其在短时间内达到相应的管理和技能水平。

2. 线上远程学习。依托全国农业科教云平台（云上智农 App）等在线学习平台，为各地农田建设管理人员、技术人员、高素质农民提供远程学习机会。

3. 线上线下相结合实践学习。根据高标准农田建设和耕地质量保护提升工作的特点，借鉴部分省份探索的现场网络直播培训试点经验，因地制宜开展线上线下相结合培训。

四、培训平台

1. 全国农田建设综合监测监管平台中的“制度标准培训”模块。2020 年 6 月下旬，农田建设信息化建设项目“全国农田建设综合监测监管平台”获得立项批复，开展系统建设。目前，平台的核心模块主要包括：综合办公、制度标准培训、项目管理、综合开发、耕地质量管理、统计调查和监督评价等。经授权的各级农田建设工作人员可登录使用。（全国农田建设综合监测监管平台网址：http://159.226.205.146:8000/farmland/#/user/login）

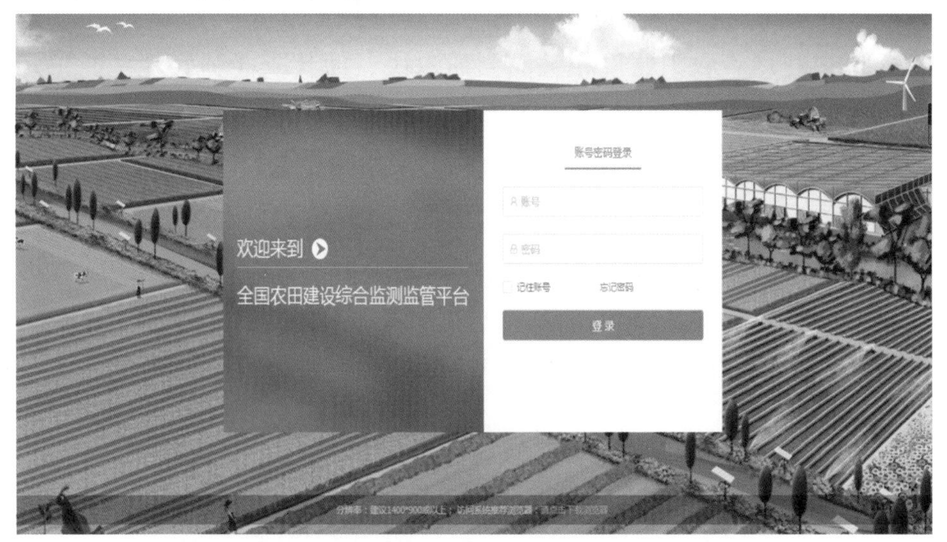

全国农田建设综合监测监管平台登录界面

其中的制度标准培训模块，主要用于发布农田建设相关法律法规、政策制度和相关技术标准，开展包括高标准农田建设培训在内的全国农田建设培训工作。

全国农田建设综合监测监管平台主界面

2022 年起，全国各级行政和事业单位主办或协办的农田建设相关专题培训班，同步使用全国农田建设综合监测监管平台开展下发通知、上传培训人员情况、总结培训成果等工作。自此，平台增设“培训通知”和“统计分析”子模块。

全国农田建设综合监测监管平台 首页 技术标准 政策法规 培训通知 统计分析

当前位置：培训通知

培训下发 地方查看

培训班名称： 承办单位：全部 查询 重置 展开

+ 新增 批量下发 批量删除

培训班名称	查阅反馈	登记人	发布日期	附件	状态	操作
农业农村部办公厅关于推进2022年农田建设培训工作的通知	1/37	高标处	2022-04-20	农业农村部办公厅关于推进2022年农田建设培训工作的通知 农办建〔2022〕4号.doc	已下发	查看 统计
0420培训通知测试	1/37	高标处	2022-04-20	全国高标准农田建设项目综合查询套表.zip	已下发	查看 统计
测试培训0420	1/8	高标处	2022-04-20	测试.docx	已下发	查看 统计
四川高标项目培训	0/0	高标处		附件.pdf	未下发	查看 编辑 删除 下发
关于全国培训班通知测试	0/0	高标处	2022-04-20		撤回	查看 编辑 删除 下发
关于全国培训班通知测试	1/201	高标处	2022-04-13	制度培训.doc	已下发	查看 统计
		高标	2022-04-		已下	

培训通知下发渠道

各级均可发起培训通知流程，下级收到通知后，应该按照通知内容进行反馈。县一级应该将本地区组织的培训情况上报系统。

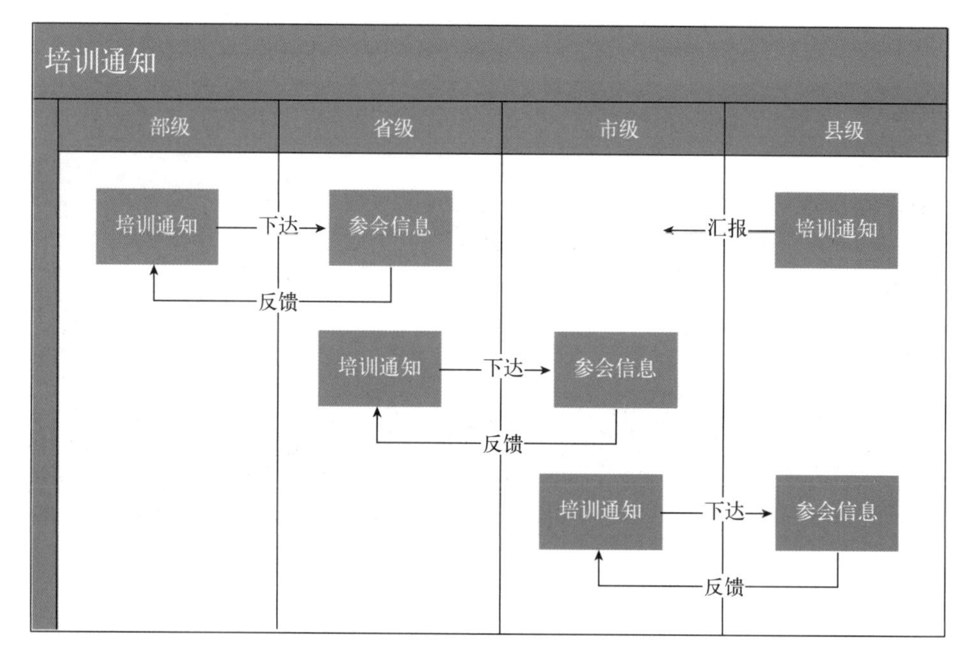

培训通知流程

在“培训通知”子模块中新增信息采集模板配置，方便各地选择用于培训人员信息的自动统计。

信息采集模板在“培训通知—新增”中的位置

2. 全国农业科教云平台中的农田建设线上培训专题。全国农业科教云平台在农业农村部农田建设管理司、科技教育司指导下，创办农田建设线上培训专题，为广大农田建设系统同志和农民朋友提供高标准农田建设、耕地质量保护等相关培训课程和图文技术指导。（网址：http://bison.yszn.net.cn/topic/239?source=farmcourses&appCode=Ngonline）

全国农业科教云平台农田建设线上培训专题

农田建设线上培训专题主要包括视频课程、技术资料等内容。使用者可以 24 小时在线学习。

视频课程　技术资料

视频课程

直播回放 | 全国农田建设相关高素质农民培育活动启动仪式
2022-07-4　热度21325

直播回放 | 广东省高素质农民培育（酸化耕地治理）培训班
2022-07-4　热度12320

技术资料

农业农村部办公厅关于推进2022年农田建设培训工作的
2022-04-22　热度18040

什么是高标准农田？
2022-04-15　热度24070

农田建设线上培训专题内容

3. 云上智农平台中的农田建设技术培训班。为满足第三方的农田施工单位、农田管护单位等社会从业主体对农田建设有关政策技术的学习需求，通过市场化方式在云上智农平台委托农业农村部耕地质量监测保护中心开设农田建设技术培训班（线下培训，根据年度任务另行通知）。

网页端地址：https://xue.yszn.net.cn/#/home/YSZNIndex

移动端下载平台：

（扫描上方二维码，下载“云上智农”App）

农田建设技术培训班主要包含高标准农田建设政策、高标准农田建设与耕地质量建设有关技术、高标准农田建设新材料、新产品应用等培训内容。可通过网页端或移动端登录云上智农平台，进入“我的培训班”板块选择，如“高标准农田建设技术网络培训班”，自愿付费开展学习。

网页端界面：

第二节　上图入库

国务院办公厅《关于切实加强高标准农田建设提升国家粮食安全保障能力的意见》提出，要构建集中统一高效的农田建设管理新体制，提出了统一规划布局、统一建设标准、统一组织实施、统一验收考核和统一上图入库的“五统一”要求，其中统一上图入库是实现农田建设大数据管理和“一张图”的基础。

实行统一上图入库，是推进高标准农田建设精准管理的重要举措。通过组织开展统一上图入库，重点解决四个问题：工程项目建在哪里，资金主要投在哪里，累计建成多少规模，主要产生什么效益。目的主要有：一是通过统一上图入库，及时全面掌握了解项目建设位置、规模、主要工程量、建设进度、竣工验收等相关信息；二是通过统一上图入库，防止地方在推进高标准农田建设过程中出现重复建设、重复投资的现象；三是通过统一上图入库，实现高标准农田建设“以图说数”“有据可查”。

一、上图入库平台

截至2021年底，全国农田建设综合监测监管平台已实现分步上线运行，入库项目超10万个，上图面积超8亿亩，其中2019年以来新立项项目入库超过2万个，上图面积超过2亿亩，基本实现了项目立项、建设、竣工验收等全过程在线监管。其中的项目管理、耕地质量管理、统计调查和监督评价等模块涉及上图入库管理。

1. 项目管理模块。本模块实现高标准农田建设项目的规划申报、任务分解、日常监管、竣工验收、上图入库等项目管理基础工作。各县（市、区）要对2019年以来立项的高标准农田建设项目在线上进行填报。对2011—2018年立项并已建成的高标准农田项目，根据各地“十二五”以来高标准农田建设清查评估结果，统一导入监测监管系统；对于仍在建的，通过项目管理模块中的历史项目补录子模块填报项目基础信息。对2019年以来立项的高标准农田建设项目，通过项目管理模块填报项目申报、审批、实施、完工、验收等各阶段数据，以及立项、完工、验收三个时间节点的地块空间坐标。

2. 统计调查模块。本模块由农业农村部按照农田建设统计调查制度的有关要求，对需要开展日常统计分析的数据进行收集汇总，按年度形成统计分析报告。对在统计汇总分析过程中发现逻辑问题、数据问题的项目，需地方进行核实。

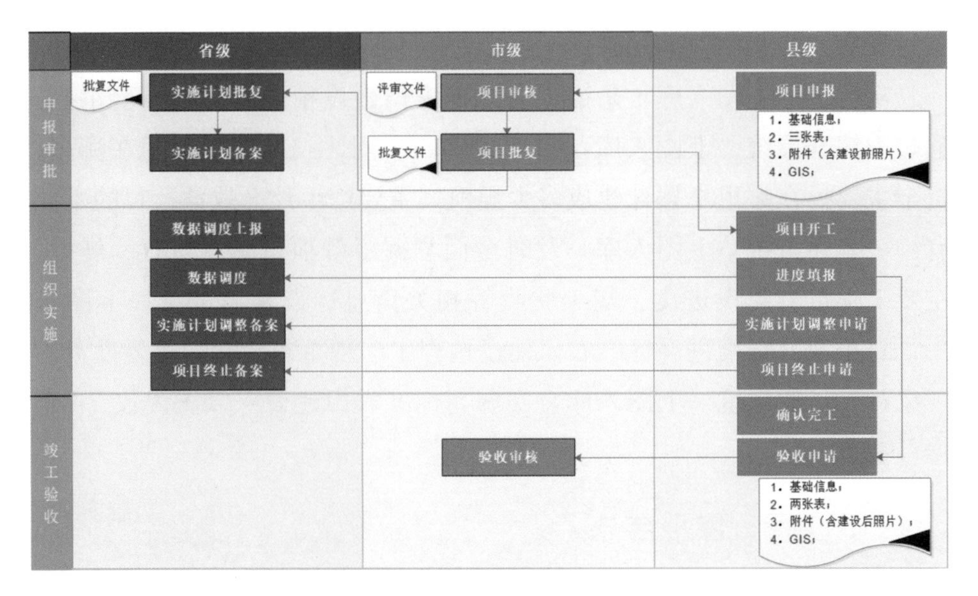

项目管理模块流程图

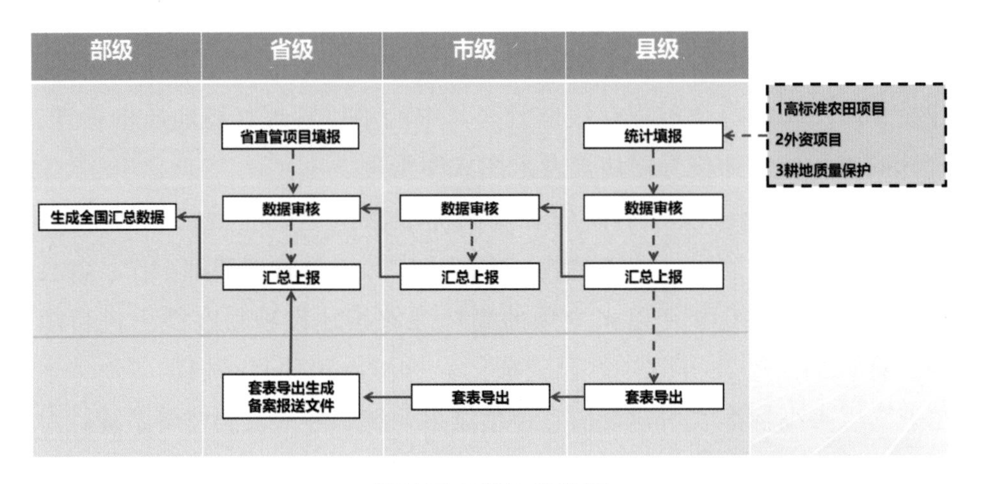

统计调查模块流程图

3. 耕地质量管理模块。本模块按照开展耕地质量日常监测评价的有关要求，系统构建耕地质量调查监测体系，推动实施耕地质量保护与提升行动、黑土地保护专项行动等。

4. 监督评价模块。本模块主要服务于高标准农田建设评价激励等评价考核工作，根据《高标准农田建设评价激励实施办法》，地方各级农业农村主管部门应按照有关要求，在每年 1 月 20 日前通过全国农田

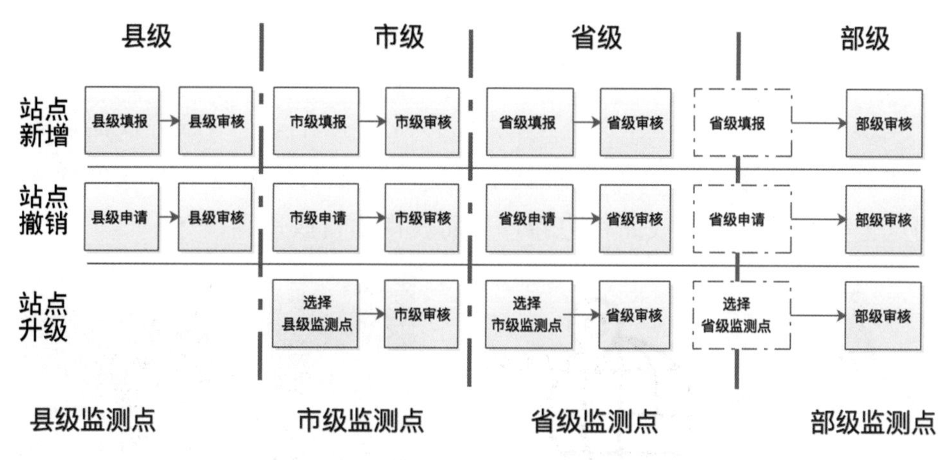

耕地质量管理模块流程图

建设综合监测监管平台提交省级自评佐证材料；同时，农业农村部、财政部根据全国农田建设综合监测监管平台中监测的地方高标准农田建设情况，结合地方提交佐证材料和日常监测、调度掌握了解到的有关情况，对各省分年度开展高标准农田建设评价激励，并将评价激励中的有关数据直接应用于粮食安全省长责任制考核。

二、上图入库主要内容

高标准农田建设项目在立项、实施、验收等主要阶段需要在全国农田建设综合监测监管平台的对应模块中填报上图入库相关内容。

1. 立项阶段。本阶段需提供项目立项基本信息、计划投资信息、设计主要工程量信息、计划预期效益、项目区域空间位置以及相关附件。

2. 实施阶段。本阶段需提供项目实施基本信息、当期（累计）完成投资情况、当期（累计）主要工程量完成信息、当期（累计）建设效益实现情况、实施区域空间位置以及相关附件。

3. 验收阶段。本阶段需提供项目验收基本情况、项目建设完成实际投入、项目实际完成工程量、项目实际取得效益、实际空间位置以及相关附件。

三、项目区域空间位置主要技术操作

1. 实地测量项目区范围。测量人员利用全站仪、GPS等仪器设备对项目拐点进行（X，Y）平面坐标测定，内业人员通过GIS软件导入拐点坐标可生成线状或面状边界，从而获得项目区边界。

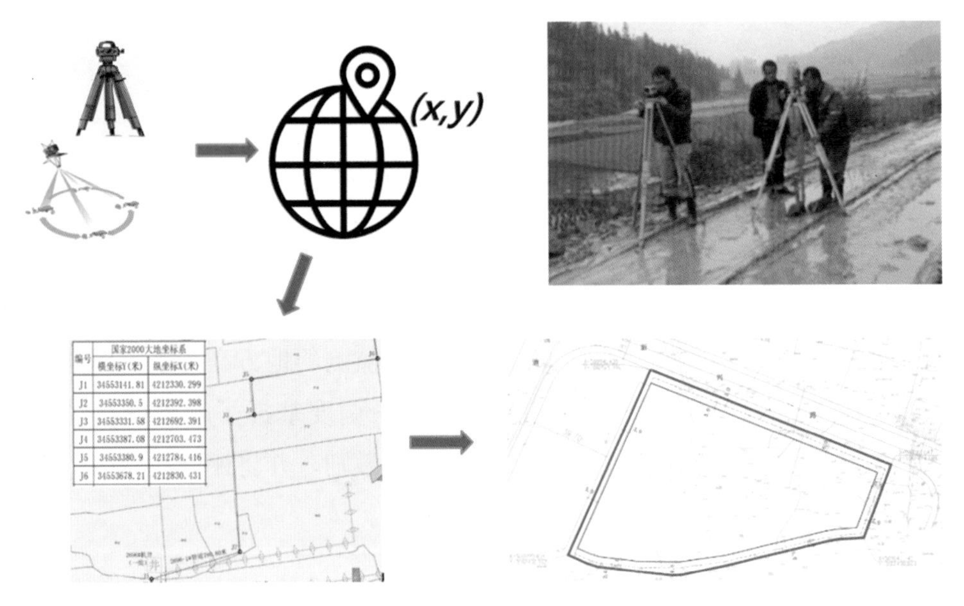

实地测量示意图

2. 提取项目区边界。利用已有土地利用现状数据，结合规划设计范围说明，通过数据属性和空间位置筛选出符合描述范围的地块，直接提取项目边界。

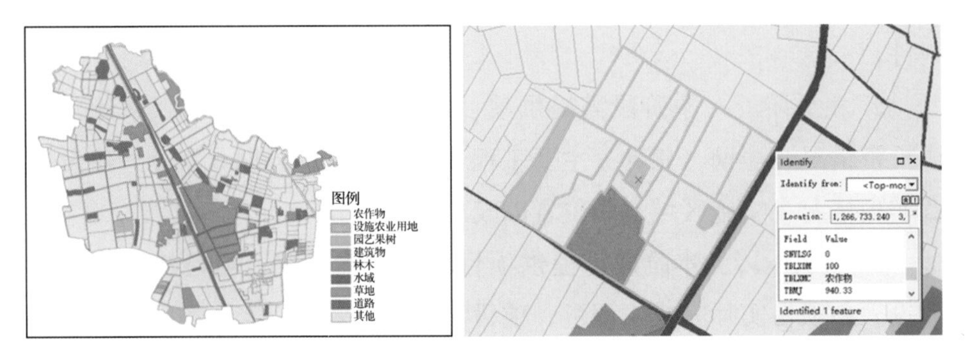

项目区边界提取示意图

3. 项目区范围上图。利用遥感影像，经像元纠正、配准、融合后，按范围裁切生产的影像，具有地理坐标，并且信息丰富直观，具有良好的可读性和可测量性，可直接提取自然地理和社会经济信息（如项目区范围）。结合土地利用现状等数据，更可精准提取高标准农田项目范围。

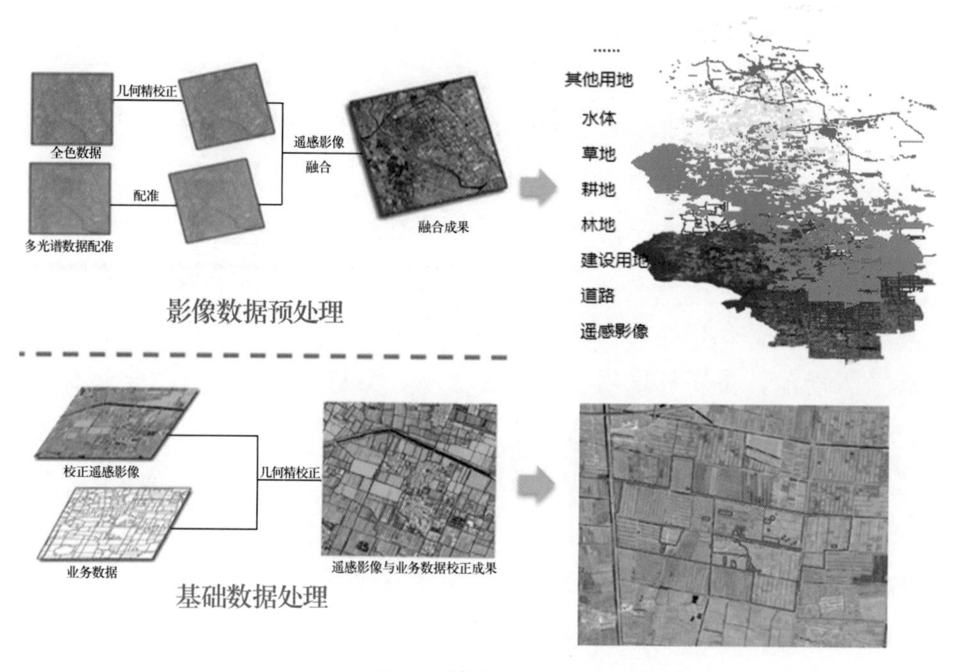

项目区范围上图示意

4. 扣除项目区内其他地类。在确定的项目区边界范围内，套合土地利用现状图，扣除项目区内除耕地外其他地类，即高标准农田建设范围。

※实　例

1. 农田建设管理“一张表”。为解决“高标准农田建设数量有多少”的问题，广东省将各部门各类农田建设相关数据整理入库，在全国率先完成省级高标准农田建设数据统一上图入库工作，形成全省农田建设统计“一张表”。

据介绍，广东省新的农田建设系统全面承接和整理了原国土部门报备历史数据、原农业综合开发历史数据，以及农业农村、自然资源部门新建、在建高标准项目新上报数据，构建全省农田大数据平台。基于大数据平台，通过科学设计管理流程、控制节点，采取“一站式”数据聚合、处理、检索、汇总和统计，实时动态掌握任务分解、项目储备库、申报审批、组织实施、数据调度、竣工验收、项目管护等情况，实现农田建设全生命周期管理。

2. 农田建设成果“一张图”。为解决“高标准农田建在哪里”等问题，广东省通过图形统计分析，绘制农田建设成果“一张图”。

具体做法包括：一是采用地理信息空间技术，实现项目坐标与基础遥感影像、行政区划、土地利用现状、耕地质量等多部门业务空间数据的无缝套合；二是在项目规划、申报、验收等流程中，增加了坐标导入功能，将高标准项目从项目立项、实施、验收阶段的全过程信息纳入上图入库范围，并通过制定严格的上图入库审查规则，对高标准项目储备、申报、实施、验收过程中的上图入库全面执行检查，确保上图入库质量；三是通过“一张图”系统，直观展示高标准项目状态、地块位置、形状、地类、面积、质量等基本信息，以及与农业“两区”、永久基本农田叠合分析结果等。

3. 农田建设监管“一张网”。在上图入库基础上，基于广东省数字政府移动门户，依托粤系列公共平台支撑，逐步建立了“互联网+”高标准农田监管体系。通过“互联网+”手段，将建成后的高标准农田利用监管纳入系统监测情况，进一步提升了高标准农田建设项目管理的信息化水平。

（广东省农业农村厅提供）

第三节　定期调度

《农田建设项目管理办法》提出“农田建设项目执行定期调度和统计调查制度，各级人民政府农业农村主管部门应按照有关要求，及时汇总上报建设进度，定期报送项目年度实施计划完成情况”。2019 年 11 月，国务院办公厅印发《关于切实加强高标准农田建设提升国家粮食安全保障能力的意见》，明确提出建立健全“定期调度、分析研判、通报约谈、奖优罚劣”的任务落实机制，确保年度建设任务如期保质保量完成。目前，全国的高标准农田建设项目的定期调度工作通过全国农田建设综合监测监管平台开展。

一、调度要求

1. 加强组织领导。农田建设项目定期调度相关指标已纳入高标准农田建设有关考核和评价激励内容。各省农业农村部门要高度重视调度工作，建立健全信息填报专人负责制和单位负责人把关制，及时客观反映农田建设项目进度情况。

2. 认真填报信息。各省农业农村部门要指导项目市、县及时做好项目上图入库工作，按时填报进度信息；对各级定期调度数据进行审核汇总，确保信息的及时性、真实性和准确性。

3. 严格核查通报。农业农村部将对各省农田建设进度情况进行分析研判与核查，并视情况进行通报。各省要用好全国农田建设综合监测监管系统，完善督促指导、约谈通报、奖优罚劣等工作手段，加强工程质量管理，加快建设进度，确保建设任务落实落地、保质保量完成。

二、调度流程

调度流程包括四个步骤：前期准备工作，农田建设项目进度数据填报，市级查看和审核，省级汇总查看、审核和备案。

1. 前期准备工作。需要完成项目入库工作（项目申报审批），包括项目申报、专家评审、立项批复等。项目申报审批工作完成后，进入组织实施阶段，即可填报建设进度。

2. 农田建设项目进度数据填报。农田建设项目进度数据填报主要指的是县级填报。县级用户进入系统后选择菜单“进度报告”，选择要填报的进度（月），单击“编辑”按钮，选择项目后进行报表填报。系统会在每月 11 日自动生成当月的进度填报栏，填报时间截止到次月 10 日。由于省级要在次月 10 日将全省进度备案到部，因此建议县级填报在次月 5 日前完成，为省级预留审核汇总时间。

进度填报入口

需要注意的是，在项目列表中选择项目的时候，可以单选，也可以批量全选，根据实际情况勾选即可。

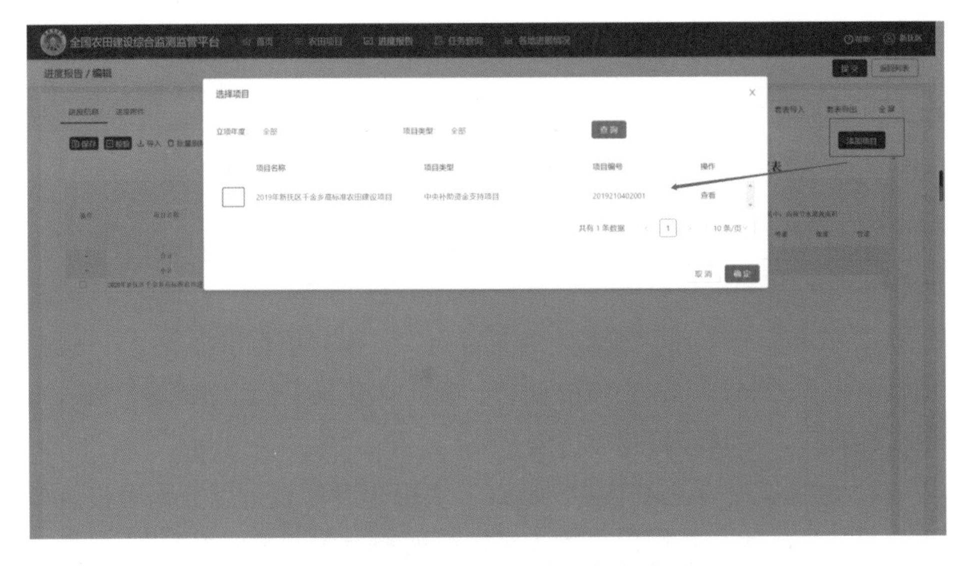

根据实际情况在项目列表中选择相应项目

填报内容包括相关项目上年结转、计划面积、前期工作、开工在建进度、建设完成情况、投资完成情况等6项。

上年结转：指往年立项项目的未完成面积结转到当年。数据可由系统自动获取，原则上不可修改；若要修改，需要在“农田建设项目调度表”中最右侧“备注”列说明具体原因。

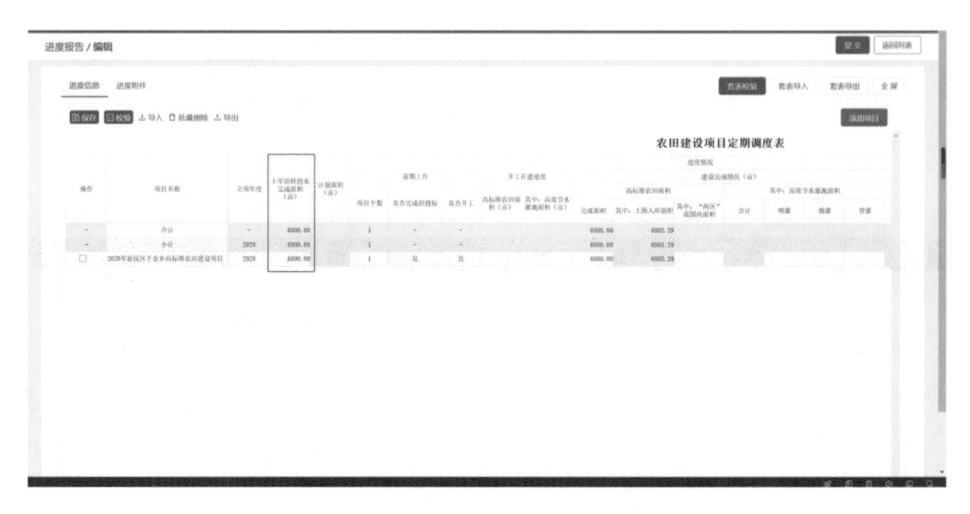

农田建设项目定期调度表中的上年转结信息

农田建设项目调度表中的备注填写

计划面积：项目立项批复时，计划新建的高标准农田面积（此数据由系统自动获取，不需要手工填写）。

前期工作：包括项目的项目个数、是否完成招投标、是否开工。

农田建设项目调度表中的计划面积查询

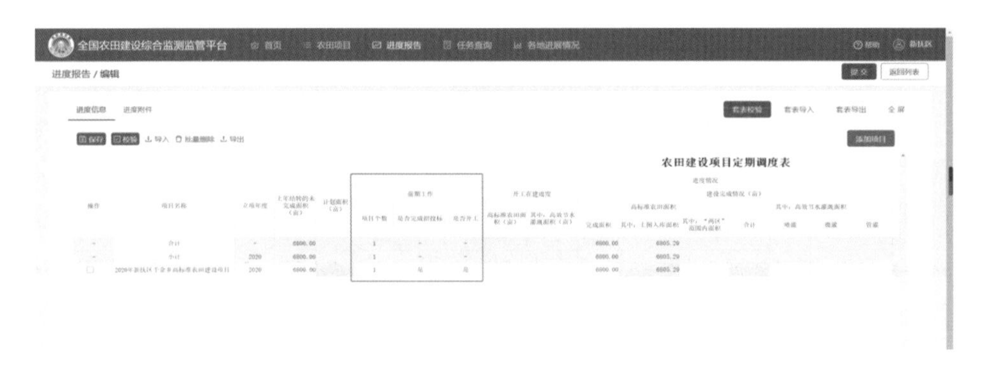

前期工作填报栏

开工在建进度：包括开工在建的高标准农田面积、高效节水灌溉面积。

开工在建进度填报栏

建设完成情况：高标准农田面积包括完成面积、上图入库面积、“两区”范围内面积，其中上图入库面积由系统自动获取竣工或验收的上图数据，不需要手工填写；高效节水灌溉建设完成面积等于喷灌、微灌、管灌三者之和。

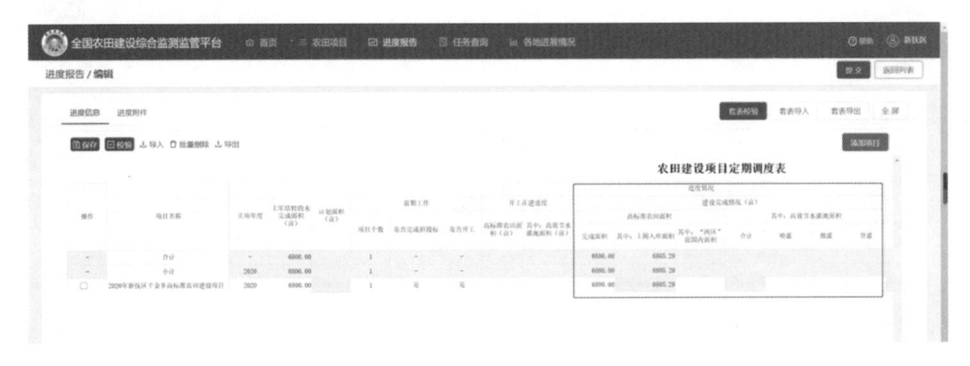

建设完成情况填报栏

投资完成情况：填写建设进展情况对应的资金情况，包括中央财政资金、地方财政资金和其他资金。

投资完成情况填报栏

3. 市级查看和审核。市级用户进入系统后选择“进度管理”菜单，再选择“进度名称”，即可查看全市农田建设项目进度报送情况，包括上报情况、建设情况、项目进度明细等。还可以在省级用户授权下开展进度数据审核和退回操作。**市级审核流程由各省自主确定。未配置市级审核流程的省份，可直接跳过本部分的相关流程操作。**

上报情况：查看各县的报送情况，包括已上报数量、未上报数量等。

进度报告上报情况查看

建设情况：查看各县进度的汇总情况以及各县进度情况。单击相应县级区划可查看该县的项目进度信息和进度附件。

全国农田建设综合监测监管平台　首页　农田项目　立项批复　进度管理　任务分解　帮助　保定市运维

进度管理　未上报　上报

进度名称　2022年2月份数据进度

行政区划：保定市、竞秀区、莲池区、满城区、清苑区、徐水区、涞水县、阜平县、定兴县、唐县、高阳县、容城县、涞源县

上报情况　建设情况　项目进度明细　调度信息　全屏

导出

农田建设项目定期调度表

立项年度	区划	上年结转的未完成面积（万亩）	计划面积（万亩）	前期工作			开工在建进度		进度情况 建设完成情况（万亩）			
									高标准农田面积			
				项目个数	完成招投标数	开工数	高标准农田面积（万亩）	其中：高效节水灌溉面积（万亩）	完成面积	其中：上图入库面积	其中："两区"范围内面积	合计
-	合计	8.00	0.00	9	9	9	5.08	2.40	2.88	0.00	2.42	2.88
2021	小计	8.00	0.00	9	9	9	5.08	2.40	2.88	0.00	2.42	2.88
2021	清苑区	3.03		1	1	1	0.61	0.61	2.42		2.42	2.42
2021	徐水区	0.46		1	1	1			0.46			0.46
2021	涞水县	2.10		1	1	1	2.10	1.24				0.00
2021	唐县	0.15		1	1	1	0.15	0.15				0.00
2021	涞源县	0.40		1	1	1	0.40	0.20				0.00
2021	曲阳县	1.20		1	1	1	1.20					0.00
2021	蠡县	0.34		1	1	1	0.34					0.00
2021	顺平县	0.20		1	1	1	0.20	0.20				0.00
2021	高碑店市	0.12		1	1	1	0.08					0.00

项目建设情况查看

单击相应县级区划查看相应项目进度信息和附件

项目进度明细：以项目清单的方式展示各县级农田建设项目进度汇总情况。

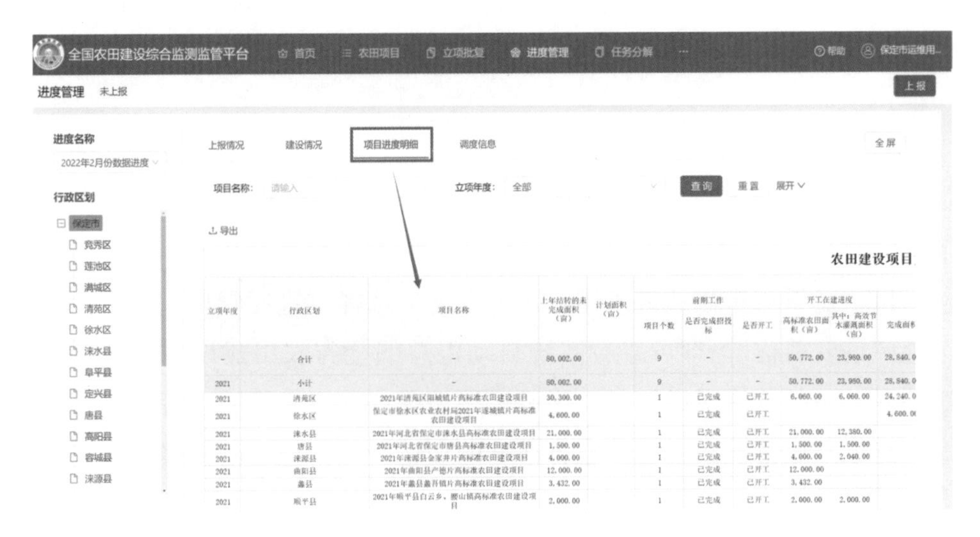

项目进度明细查看

进度数据审核和退回：市级对全市进度数据审核无误的，可直接报送；市级对全市进度数据审核发现县级进度数据不准确的，可退回县级，县级修改完毕后重新报送至市级审核。

进度报告上报情况审核和退回

需要注意的是，退回还应同时满足两个条件：一是在当月进度填报时间内方可退回当月调度数据；二是全市进度数据未报省备案（若市级报省级备案数据有误，应由市级向省级提出修改申请并说明原因）。

4. 省级汇总查看、审核和备案。全国农田建设综合监测监管平台各层级的使用权限不同。经授权的省级用户可查看平台系统自动汇总情况。

（1）查看和审核：省级用户进入系统后选择“进度管理”菜单，再选择“进度名称”，即可查看系统自动汇总的全省农田建设项目进度报送情况，包括总体报送情况、建设进展情况、项目进度明细等。

总体报送情况：查看全省各市县的报送情况，包括已上报数量、未上报数量等。

建设进展情况：查看全省及各地市进度的汇总情况，单击具体地市，查看所辖各县（市、区）进度情况，单击具体县（市、区），可查看县（市、区）内具体项目情况。

总体报送情况查看

县（市、区）建设进展情况查看

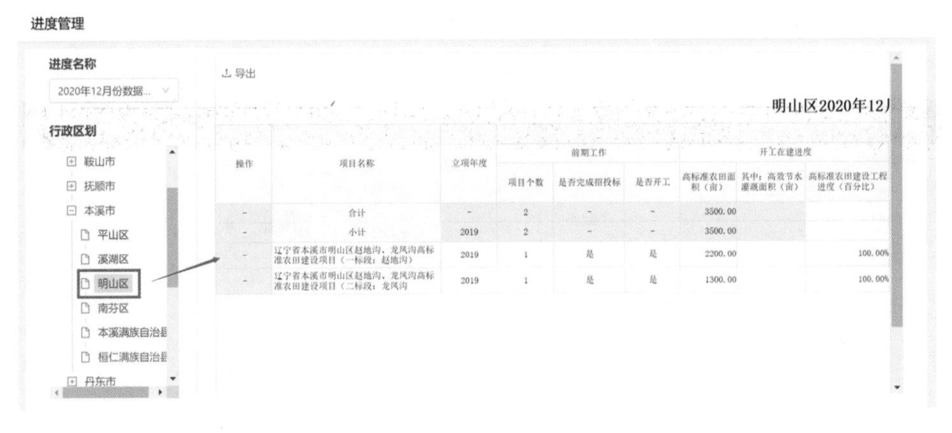

县（市、区）具体项目情况查看

项目进度明细： 以项目清单的方式展示省、市、县各级农田建设项目进度汇总情况。

进度管理

进度名称
2020年12月份数据...
行政区划
辽宁省
辽宁省省直管
沈阳市
鞍山市
抚顺市
本溪市
丹东市
锦州市
营口市
阜新市
辽阳市

总体报送情况　建设进展情况　项目进度明细

行政区划：辽宁省　项目名称：请输入　查询　重置　展开

导出

立项年度	行政区划	项目名称	前期工作			开工	
			项目个数	是否完成招投标	是否开工	高标准农田面积（亩）	其中：灌溉面
	合计		380			864700	
2020	小计		115			341800	
2020	绥中县	2020年绥中县102国道沿线高标准农田建设项目（财政专项）	1	未完成	未开工	0	
2020	绥中县	2020年绥中县强流河流域高标准农田建设项目（财政专项）	1	未完成	未开工	0	
2020	绥中县	2020年绥中县高岭镇高标准基本农田建设项目（财政专项）	1	未完成	未开工	0	
2020	凌源市	2020年辽宁省朝阳市凌源市高标准农田建设项目（二）	1	已完成	已开工	0	
2020	凌源市	2020年辽宁省朝阳市凌源市高标准农田建设项目（三）	1	已完成	已开工	0	

项目进度明细查询

进度数据审核和退回： 省级用户对全省进度数据进行审核，发现数据有误的，退回市级用户；再由市级用户组织县级用户修改重报。如市级发现进度数据有误，应提请省级退回后，方可修改重新报送。

需要注意的是，退回还应同时满足两个条件：一是在当月进度填报时间内方可退回当月调度数据；二是全省进度数据未报部备案（若省级报部备案数据有误，应由省级向部级提出修改申请并说明原因）。

（2）省级备案： 省级用户在系统中选择"数据调度"菜单，然后选择"新建"按钮，进入编辑页面，进行全省进度备案。

在"数据调度"中进行省级备案

一是在“附件信息”处上传省级农业农村部门盖章或分管负责人签字的“农田建设项目定期调度表”以及简要调度报告。

在“编辑”界面完成各项信息填报

二是全省进度数据确认无误后，依次单击“保存”和“提交”，完成报部备案工作。

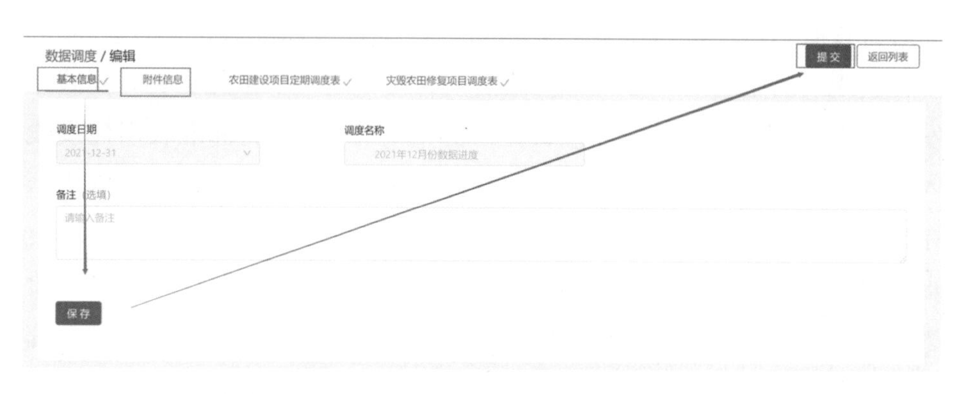

填写完各项进度数据后保存并提交

第四节 评价考核

2018 年 12 月，国务院办公厅印发《关于对真抓实干成效明显地方进一步加大激励支持力度的通知》，将高标准农田建设作为国务院实施的30项督查激励措施之一，根据高标准农田建设评价结果，对按时完成高标准农田建设任务且成效显著的省（区、市），在分配年度中央财政资金时予以适当倾斜，由农业农村部负责。按照有关文件要求，农业农村部研究印发了《高标准农田建设评价激励实施办法（试行）》，对各省高标准农田建设情况开展综合评价，将综合排名靠前的4个省份和较上年排名提升最多的1个省份作为拟激励省份，报送国务院。经国务院审定后给予通报表扬，并在安排年度农田建设中央财政补助资金时予以倾斜支持。2019年至2021年，先后对江苏、安徽、江西、黑龙江、广东、河南、山东、四川、甘肃等9省进行了14省次的通报表扬，给予每省每次2亿元激励资金。同时，农业农村部办公厅每年对高标准农田建设综合评价结果进行通报，对建设成效较好、评价结果靠前的省份进行表彰，对工作进展滞后、评价排名靠后的省份进行督促，充分激发和调动了各地开展高标准农田建设的积极性、主动性和创造性，有力推动了高标准农田建设任务的完成，真正发挥了“指挥棒”和“促进器”的作用。结合3年来督查激励措施开展情况，2021年12月，国务院办公厅对督查激励事项进行了新一轮修订，继续将高标准农田建设作为30项督查激励措施之一，并对督查激励内容做了进一步细化完善，正式印发《关于新形势下进一步加强督查激励的通知》，对高标准农田建设投入力度大、任务完成质量高、建后管护效果好的省（自治区、直辖市），在分配年度中央财政资金时予以激励支持，由农业农村部、财政部负责。2022年2月，农业农村部会同财政部印发《高标准农田建设评价激励实施办法》，进一步细化完善了评价指标和评价标准；3月，两部门据此组织开展综合评价，公示了拟激励省份名单并报送国务院办公厅。2022年6月，国务院办公厅印发《关于对2021年落实有关重大政策措施真抓实干成效明显地方予以督查激励的通报》，对江苏、江西、山东、湖北、湖南等5省予以督查激励。

在评价手段上，一是充分依托全国农田建设综合监测监管平台，全面强化信息化手段监测，加强日常调度、遥感监测。二是通过开展实地评估、明察暗访，更加全面客观地掌握了解各地农田建设实际情况。三是通过审计、媒体曝光、群众信访等舆情监督手段来更加全面及时地掌握了解农田建设项目建设情况，持续强化农田建设全过程监管，为实现“集中统一、全程全面”监管要求提供助力。

从近年评价情况看，农业农村部在对做法突出的省份予以评价激励的同时，也会通过通报，开展实地督导、约谈等方式对完成任务较慢的省份进行督促，充分发挥激励先进、鞭策后进的作用，有效调动各地抓农田建设的积极性，推动建设任务的落地。

随着高标准农田建设的重要性日益凸显，高标准农田建设工作同时纳入了国务院粮食安全省长责任制考核、省级政府耕地保护责任目标考核，进一步压实地方责任。

第五节　资金执行

使用农田建设补助资金实施的高标准农田建设项目，在资金执行中需注意以下操作。

一、资金报账

报账资料的收集。高标准农田建设项目的报账资料由项目法人负责收集和整理。报账资料应当包括施工合同、施工单位编制的报账资金申请、工程结算资料。

工程结算资料由两部分组成，由县级管理主体和施工单位共同编制。县级管理主体负责整理编制内容包括：项目立项批复、项目计划批复（含调整变更批复）、设计和变更图纸、预算（含变更）清单造价、预算审查（或财评）资料、招投标文件、工程监理报告等。施工单位负责编制的内容包括：施工（采购）合同、工程竣工结算报告（包括竣工图及结算清单。合同约定依据审计结论报账的，应提供项目审计报告）、单项工程验收报告、施工（采购）单位《银行开户许可证》以及相关报账票据。

报账资料的审核。可采取项目法人自行审核或与委托有资质的跟踪审计中介机构相结合的审核方式，审核建设工程的合规性、质量和数量的真实性、报账资金的准确性、建设程序的完整性等，并出具审核结论。

二、资金支付

农田建设补助资金的支付应当按照国库集中支付制度有关规定执行，涉及政府采购的，应当按照政府采购法律法规和有关制度执行。资金可直达项目施工单位、商品或服务提供单位。

财政补助资金的拨付。农田建设补助资金根据施工单位提出的申请（含工程结算资料），经项目法人审核同意后，按财政资金拨付规定和“三重一大”拨付流程，报请审批，县级机构按规定程序予以拨付。为缓解施工单位的建设资金压力，施工单位可以按照合同约定申请预付工程款。预付工程款不得超过工程合同价款的30%。也可采取按项目进度分期报账或工程竣工决算后一次性报账的方式，具体由县级财政部门商同级农业农村主管部门确定。

完工项目在未取得工程结算审计报告前，不得支付工程尾款。工程质量保证金在合同约定的质保期满后应及时按约定返还。

贷款贴息资金的拨付。实行贷款贴息的项目，由实施单位提供银行借款合同、贷款到位凭证、利息结算单、利息支付凭证原件等资料，经县级农业农村主管部门审核确认后，及时拨付贴息资金。

资金支付进度。县级农业农村主管部门主动配合同级财政部门加快资金支付进度，鼓励采取县级报账制等方式提高资金使用效率。

三、结余资金管理

在项目建设过程中，为提高项目建设标准和资金使用效益，高标准农田建设管理机构应及时掌握财评结余、招标结余、结算结余资金情况，制定结余资金使用计划，尽早安排在本项目区内增加建设工程并付诸实施。

在项目竣工并拨付完结算资金后，县级农业农村部门应及时办理项目竣工决算。竣工决算结余资金，应当按照《国务院关于印发推进财政资金统筹使用方案的通知》等有关规定执行。

四、对施工单位的资金监督

施工单位缴纳保险。为保障施工安全，监督各施工单位按规定缴纳保险。

施工单位建立农民工工资专户。配合人力资源和社会保障主管部门监督工程施工中使用农民工的施工单位建立农民工工资专户，项目法人按月将工资性工程进度款单独拨付至农民工工资专户，掌握农民工工资支付情况，督促及时支付。

建立自建工程的建设资金台账。监督有自建工程的建设主体建立竣工项目台账、完善台账资料，做到一个项目一本台账。自建项目台账资料包括：工程设计、竣工图，预算、结算清单，工程建设及购置材料的合同（或协议），项目资金台账（包括账本、记账凭证、支付方式等，一式两份，一份由自建主体留存，一份由县级机构归档）。

五、责任追究

各级政府有关部门及其工作人员在农田建设补助资金管理过程中，存在违反法律法规相关规定的资金管理行为（比如，向不符合条件的单位或个人分配资金、擅自超出规定的范围标准分配资金等），以及存在其他弄虚作假、徇私舞弊、失职渎职等违法违纪行为的，责令改正，并按照《中华人民共和国预算法》《中华人民共和国公务员法》《中华人民共和国监察法》《财政违法行为处罚处分条例》等国家有关规定追究相关责任；涉嫌犯罪的，移送司法机关处理。

资金使用单位和个人有虚报冒领、骗取套取、挤占挪用农田建设补助资金等违法违纪行为的，责令改正，追回骗取、使用的资金，并按照《中华人民共和国预算法》《财政违法行为处罚处分条例》等有关规定追究相应责任。

2018 年国务院机构改革后，高标准农田建设中央财政资金主要由中央财政转移支付农田建设补助资金和中央预算内投资两个渠道组成，管理规定不同，资金执行也不同。其中，中央财政转移支付农田建设补助资金主要依据财政部、农业农村部联合印发的《农田建设补助资金管理办法》执行；与中央预算内投资相关的资金执行，按照国家发展改革委和农业农村部等联合下发的《关于印发农业领域相关专项中央预算内投资管理办法的通知》等有关规定执行。

第六节　监督检查和绩效管理

各级农业农村主管部门应当组织核实农田建设补助资金支出内容，督促检查建设任务（任务清单）完成情况。

县级农业农村主管部门应及时对农田建设补助资金使用情况和项目建设情况进行公示，公示内容包括资金投入情况、项目建设情况、相关管理制度、项目实施单位、项目主管单位、监督举报电话等信息，公示期限应覆盖项目建设事前、事中、事后全过程。

各级财政、农业农村主管部门应当建立健全监管制度，加强对资金使用和管理情况的监督，发现问题及时纠正。分配、使用和管理农田建设补助资金的部门、单位及个人，应当依法接受财政部门监管局、纪检监察、审计等部门监督，对监督检查中发现的问题，应及时制定整改措施并落实。

各级财政部门应督促、指导同级农业农村主管部门加强农田建设补助资金绩效管理，包括绩效目标管理、绩效运行监控、开展绩效评价、评价结果运用等内容。农业农村主管部门要对农田建设项目的绩效目标实现程度和预算执行进度实行“双监控”，发现问题要分析原因并及时纠正，确保绩效目标如期保质保量实现。财政部门发现严重问题的，应暂缓或停止农田建设补助资金拨付，并及时向上级财政部门报告。

在农田建设项目结束后，农业农村主管部门应及时组织开展绩效自评，并向同级财政部门提交绩效自评报告，客观反映绩效目标实现结果，认真分析项目实施中存在的问题，制定合理可行的整改措施，并及时整改落实到位。财政部门可根据需要组织开展重点绩效评价。

健全绩效评价结果反馈制度和绩效问题整改责任制，根据评价结果进一步加强项目规划和绩效目标管理，完善项目管理制度、资金分配方式等。同时，加大绩效信息公开力度，在部门决算公开时，农业农村主管部门要同步公开绩效自评结果和应用情况，同级财政部门同步公开重点绩效评价结果和应用情况。

※实　例

河南省鹤壁市为规范和加强农田建设补助资金管理，提高资金使用效益，推动落实中央、国务院关于加强高标准农田建设的决策部署，按照《河南省财政厅、河南省农业农村厅关于印发〈河南省农田建设补助资金管理办法〉的通知》要求，依据《中华人民共和国预算法》等有关规定，结合鹤壁实际，鹤壁市财政局会同鹤壁市农业农村局制定了《鹤壁市农田建设补助资金管理实施细则》。农田建设补助资金由市财政局会同市农业农村局管理。鹤壁市财政局负责审核市农业农村局提出的农田建设补助资金年度预算安排建议，审核市农业农村局提出的资金分配意见并及时下达资金，对资金使用情况进行监督和实施全过程绩效管理。市农业农村局按照预算管理有关规定，提出农田建设补助资金年度预算安排建议；负责农田建设规划或者实施方案编制，指导、推动和监督开展农田建设工作；下达年度工作任务清单，研究提出资金分配意见，跟踪指导项目实施，做好绩效目标制定、绩效监控和评价等工作。市县两级财政共同承担农田建设补助资金支出责任，根据农田建设年度工作任务清单，安排必要的资金投入农田建设工作，列入本级财政预算。例如，2020年11月10日，《鹤壁市财政局关于下达2020年度高标准农田建设项目市级配套资金预算指标的通知》下达高标准农田项目配套资金1 334万元，市级财政配套资金100%足额落实到位，确保了当年项目的顺利实施。县级配套资金 1 333 万元也全部足额落实到位。

按照有关要求，鹤壁市在资金管理方面主要做出四项规定：**一是明确资金支出范围**。加强高标准农田项目资金管理，需要严格控制资金支出范围，从源头上预防和杜绝违规违纪行为，把好项目资金管理第一关。县级按照从严从紧的原则，从中央财政建设补助资金中列支勘察设计、项目评审、工程招标、工程监理、工程检测、项目验收等必要的费用。市农业农村局农田建设项目管理经费由市财政预算安排，从未在农田建设补助资金中列支。**二是及时依规分配资金**。鹤壁市农业农村局根据省级下达的年度建设任务，统筹考虑各县区建设任务需求和储备情况，综合测算各县区承担的建设任务，并及时研究提出任务清单，为下达资金提供依据。鹤壁市农业农村局在接到市财政局书面通知后，及时研究提出资金分配意见，在接到中央、省级安排的补助资金通知 30 日内提出分配意见，函报市财政局；在接到市级安排的专项资金后，按照预算管理要求及时提出分配意见，函报市财政局。**三是严格资金使用管理**。农田建设财政资金支付按照国库集中支付制度的有关规定执行，涉及政府采购的，应当按照政府采购法律法规和有关制度执行。鹤壁市农田建设补助资金实行“大专项＋任务清单”管理方式和县级报账制度。县区政府可结合实际，按照统筹整合要求，统筹不同渠道的农田建设资金用于高标准农田建设。**四是强化资金监管和绩效评价**。鹤壁市对农田建设补助资金的使用与管理进行全过程、多方位的监督，强化项目资金内控管理，确保资金使用合规、高效。在对县级报账制管理方面，市农业农村局创新管理模式，强化项目管理，委托专业机构对项目全过程进行实时监管。会同市纪委监委、审计局、财政局建立资金使用动态跟踪、监控制度，对专项资金项目的组织管理、建设进度、资金使用、物资设备、工程技术、项目效益等进行监督，对项目资金是否到位、有无挤占挪用、有无截留和转移资金用途进行评价，发现问题，督促整改落实，形成了行业主导、部门协同、共同监管的资金管理模式。按照“高标准农田原则上全部用于粮食生产”的要求，市财政局会同市农业农村局将高标准农田用于粮食生产情况作为重要绩效目标，加强绩效目标管理，督促资金使用单位对照绩效目标做好资金绩效监控，按照规范要求开展绩效自评，及时将绩效自评结果上报省财政厅、省农业农村厅，并对自评中发现的问题及时组织项目县区进行整改。

（河南省农业农村厅提供）

第三篇　技术操作

DISANPIAN　JISHU CAOZUO

第一章　总体要求

高标准农田建设内容包括田块整治、灌溉与排水、田间道路、农田防护与生态环境保护、农田输配电以及土壤改良、障碍土层消除、土壤培肥等单项工程。高标准农田各项工程的建设要遵循下列原则和要求。

一、规划引导

高标准农田建设应符合全国高标准农田建设规划、国土空间规划，以及国家和地方制定的乡村振兴规划和其他有关农业农村和社会经济发展规划要求，统筹安排，科学实施，标准适度，先急后缓，稳步推进。

二、因地制宜

各地在开展高标准农田建设时，应根据当地自然资源条件和土地承包经营现状，确定适宜的粮食主导品种、种植规模和种植模式，宜水则水、宜旱则旱，按照高效节水和机械化作业要求，因地制宜确定田块规模和具体建设内容，补齐短板。

三、数质并重

各地开展高标准农田规划建设时，注意优化田间道路、灌溉排水、防护林网等设施占地面积，稳定或有所增加高标准农田面积，持续提高耕地质量。节约集约利用耕地，农田中灌溉与排水、田间道路、农田防护与生态环境保护、农田输配电等设施占地面积与建设区面积的比例，即田间基础设施占地率，一般不高于8%。田间基础设施涉及的地类按照《土地利用现状分类》（GB/T 21010）规定执行。

四、绿色生态

各地在高标准农田建设中应遵循绿色发展理念，统筹山水林田湖草沙系统治理，就地取材，经济节约，生态环保，提高水肥利用率，减轻农业面源污染，保护农田生物多样性，防止耕地退化沙化和次生盐碱化。加强农田生态建设和环境保护，鼓励应用绿色材料和工艺，建设生态型田坎、护坡、渠系、道路、防护林、缓冲隔离带等，减少对农田环境的不利影响，防止或减轻农业生产对生态环境的影响。

五、多元参与

各地在高标准农田建设中，应尊重农民意愿，维护农民权益，引导农民群众、新型农业经营主体、农村集体经济组织和农业企业有序参与建设，建立高效的建、管、用制度体系，按照“谁受益、谁管护；谁使用、谁管护”原则，落实管护责任，实现可持续高效利用。

六、方便耐用

高标准农田建设项目在满足农民使用方便的同时，应符合一定的耐久性要求，其主体工程（标准化的田块工程）的设计使用年限一般不低于 15 年。配套的各单项工程设计使用年限应符合相关规范要求，与主体工程设计使用年限相协调。

第二章　田块整治

田块整治是指为满足农田耕作、灌溉与排水、水土保持等需要而采取的耕作田块修筑和耕地地力保持措施，包括耕作田块修筑工程和耕作层地力保持工程。

第一节　耕作田块修筑工程

田块是由田间末级固定沟、渠、路、田坎等围成的，满足农业作业需要的基本耕作单元。耕作田块修筑工程是指按照一定的田块设计标准所开展的土方挖填和埂坎修筑等措施。包括条田、梯田和其他田块。

一、施工工序

1. 田坎（田埂）施工工序。放线定桩→修筑田坎。石灰放线或样绳放线，以此为田坎（田埂）下边线或上边线修筑，可用挖掘机起垄并

施工中的田埂

压实，也可用人工填筑，用夯板夯实，人工整修田坎成型。

建成后的田埂

2. 格田施工工序。耕作田块划分→机械剥离表层耕作土、集中堆放→田坎修筑→划分区格→田埂修筑→平整格田（挖高填低）→耕作土回覆→复核田面高程→土地（带水）翻耕→交工验收。

二、操作要点

1. 应因地制宜进行耕作田块布置，合理规划，提高田块归并程度，实现耕作田块相对集中。耕作田块大小应根据气候条件、地形地貌、作物种类、机械作业、灌溉排水等因素确定，并充分考虑经营规模和经营方式，使得生产便利、生态美观，防止碎片化。

2. 平原区以修筑条田为主。耕作田块田面应基本平整。水田、采用自流漫灌方式灌溉的田面平整以田面平整度指标控制，包含田面高差、横向坡度和纵向坡度 3 个指标，根据土壤条件和灌溉方式合理确定。

3. 丘陵、山区以修筑梯田为主，梯田化率宜≥90%，并配套坡面防护设施，梯田田面长边宜平行等高线布置；水田区耕作田块内部宜布置格田。田面长度根据实际情况确定，宽度应便于机械作业和田间管

条　田

理。地面坡度不大于25°的坡耕地，宜改造成水平梯田。土层较薄时，宜先修筑成坡式梯田，再经逐年向下方翻土耕作，减缓田面坡度，逐步建成水平梯田。梯田修筑应与沟道治理、坡面防护等工程相结合，提高防御暴雨冲刷能力。

梯　田

4. 田坎修筑。田坎修筑时需清除土体中作物根茬、杂物，填筑饱满，田坎沉实后再次修正取直。梯田埂坎宜采用土坎、石坎、土石混合坎或植物坎等，梯田土坎高度一般不宜超过 2 m，石坎高度一般不宜超过 3 m，各地可根据实际情况调整。在土质黏性较好的区域，宜采用土坎；在易造成冲刷的土石山区，应结合石块、砾石的清理，就地取材修筑石坎；在土质稳定性较差、易造成水土流失的地区，宜采用石坎、土石混合坎或植物坎。

土坎梯田

石坎梯田

第二节　耕作层地力保持工程

耕作层地力保持工程是指对原有耕作层进行保护、对新增耕地构建耕作层所采取的各种措施。包括客土回填、表土保护和地力快速构建等措施。

一、施工工序

1. 客土回填施工工序。区外运土→外来填埋土源检测→将土方填筑到回填部位（严禁用生活垃圾、建筑垃圾、工业固废、污染需修复的土壤等填埋）。

2. 表土保护施工工序。开展土壤调查和土壤评价→确定可利用表土层→剥离表层耕作土、运输、集中堆放→等待田面平整→完成表土回覆（均匀摊铺到田面上）。

二、建设要点

1. 土壤剥离利用应尽可能按照“非必需不剥离”“即剥即用”原则，科学论证后将耕作层保护工程应与田块修筑工程结合起来，同步设计，同步实施。

土地平整

2. 田块平整时应做好种植表土层的保护。需要大规模平整时，应先将表土层剥离，剥离后的表土应防止久堆和雨水淋蚀。待田块高差调整完成后，再将表土复原。

3. 高标准农田有效土层厚度和耕层厚度应满足作物生长，除青藏区外的其他各区域有效土层厚度≥50 cm，耕层厚度≥20 cm。具体标准按《通则》附录C规定执行。

4. 根据高标准农田项目建设设计的地力培肥目标，采取快速构建地力措施，增施有机肥、腐殖酸和土壤调理剂，使高标准农田耕作层理化性状，特别是土壤的有机质、酸碱度和其他营养元素提升至地力培肥目标值以上。

5. 客土回填注意事项。当项目区内有效土层厚度和耕层土壤质量不能满足作物生长、农田灌溉排水和耕作需要时，可从项目区外运土填筑到回填部位。客土回填必须由具有资质的检测机构对外来填埋土源进行检测，不得使用检测结果高于《农用地土壤污染风险管控标准（试行）》（GB 15618）中表3“农用地土壤污染风险管制值”的客土。

6. 地力保持要求。项目实施中根据设计要求，测算有机肥、腐殖酸、土壤调理剂等投入品量，结合土地平整和表土回用一次性或分批次施入耕作层。也可以委托土地经营者采取秸秆还田、种植绿肥、增施有机肥和喷洒土壤调理剂等，达到地力保持目标。

田块整治前后对比

改造后的农田

第三章　灌溉与排水

灌溉与排水工程是指为改善农田土壤水分状况、防治农田旱、涝、渍和盐碱等对作物生长的危害所修建的水利设施。灌溉与排水工程应遵循水土资源合理利用的原则，根据流域旱、涝、渍和盐碱综合治理的要求，结合田、路、林、电进行统一规划和综合布置；灌溉与排水工程应配套完整，符合灌溉与排水系统水位、水量、流量、水质、运行、管理等要求，满足农业生产的需要；灌溉设计保证率的确定，应按照《灌溉与排水工程设计标准》（GB 50288）规定执行。具体包括小型水源工程、输配水工程、渠系建筑物工程、田间灌溉工程和排水工程等。

第一节　小型水源工程

小型水源工程是指为农田灌溉所修建的小型塘堰（坝）、蓄水池、小型集雨设施、小型泵站、农用机井等工程的总称，应按不同作物及灌溉需求实现相应的水源保障。建设时应遵循下列一般要求。

1. 项目区必须要有水源保证，根据不同地形条件、水源特点等，合理修建配置不同水源工程。

2. 水源选择应根据当地实际情况，选用能满足灌溉用水要求的水源，水质应符合《农田灌溉水质标准》（GB 5084）的规定。

3. 水源利用应以现有水利设施供水水源为主，兼顾项目区可用地表水、地下水等，严格控制开采深层地下水。

4. 水源配置应考虑地形条件、水源特点等因素，合理选用蓄、引、提或组合的方式。

5. 水资源论证宜按《农田灌溉建设项目水资源论证导则》（SL/T 769）规定执行。

6. 水源工程应根据水源条件、取水方式、灌溉规模及综合利用要求，选用经济合理的工程形式。

7. 水源工程的设计、施工应按照有关技术标准执行。

一、塘堰（坝）

塘堰（坝）是指用于拦截和集蓄当地地表径流的挡水建筑物、泄水建筑物及放水建筑物，包括坝（堰）体、溢洪设施、放水设施等。高标准农田项目区的塘堰（坝）容量一般应小于100 000 m^3，坝高通常不超过10 m。塘堰顶高程高出正常蓄水位不小于0.5 m，顶部宽度应根据容积、高度及地质条件等合理确定，考虑整治时的施工时机械压实通行等实际情况，一般不宜小于2.0 m，有特殊要求的，根据需要适当加宽；塘堰边坡应根据计算确定，一般迎水面边坡不陡于1∶1，背水面边坡不宜陡于1∶1；塘堰（坝）泄水、放水设施应配套齐全。

水　塘

小型拦河坝

（一）施工工序

施工放样→坝基开挖→基础处理→坝体填筑→放水管安装→坝坡修整→坝面护坡→排水设施（排水棱体或贴坡）→溢洪设施→附属建筑物施工。

1. 施工放样。按设计图放出坝脚开挖边线及岸坡开挖范围线。

2. 坝基开挖。清除坝址处树木、杂灌等影响开挖作业的杂物，再采用挖掘机开挖、装车，自卸汽车运输至弃料堆场，直至开挖到设计基面高程。

3. 基础处理。清理干净基础杂物，待基础开挖验收合格，找平基础，即开始坝体填筑。

4. 坝体填筑。坝体填筑程序主要包括坝料挖装、坝料运输、卸料、洒水、摊铺整平、碾压密实、质量检测等工作。在选定的合格土料场采用挖掘机开挖，挖掘机或装载机装车，自卸汽车运输至坝面，采用退铺法在已压实的坝面上后退卸料，后用推土机摊铺整平。压实采用振动碾用进退错距法碾压，振动平碾一般沿平行坝轴线方向行进，靠近岸坡、施工道路边坡除增加顺向碾压外，还要用蛙式打夯机人工夯实。坝面应分层填筑，分层碾压，填筑厚度应按设计要求，碾压遍数应符合规定，填土宽度应超出坝坡线 20～30 cm，预留整坡宽度；经质量检查合格后进行上一层铺设。

5. 放水管安装。当坝高填筑至放水管底部高程时，应及时进行放水管安装，管底应铺设混凝土垫层及管座，管周填土应人工夯筑密实；进、出水池待坝体填筑完成后再进行施工。

6. 坝坡修整。按设计的塘坝外形尺寸进行坝坡修整，用长臂反铲剔除坝坡超宽填筑部分，确保坝坡平顺、断面符合设计标准。

7. 坝面护坡。迎水面采用现浇混凝土或预制块护坡时，其厚度不宜低于 10 cm，基底设置 30 cm×30 cm 的混凝土或浆砌石脚槽；迎水面上部草皮生态护坡不宜低于 1 m。

8. 排水设施（排水棱体或贴坡）。一般堰塘塘埂高度 3～4 m，在堰塘脚设置排水沟，棱体排水和贴坡排水都是在水库上，由于水头较高，下游坝坡渗流计算出溢点较高才设置下游排水设施。堰塘水头较低的情况可以不设置这些排水设施。若设置，按以下标准。①棱体排水：排水顶部宽度不小于 0.8 m，排水体顶高程应超过坝脚最高水位和地面 1.0 m。②贴坡排水：排水体厚度（含反滤层厚度）不小于 0.5 m，排水体高度高于浸润线出逸点 1.0 m 或高于 1/2 坝高且高度不小于 2.0 m。排水设施应具有充分的排水能力，同时应满足反滤要求，保证渗透稳定。

9. 溢洪设施。塘堰（坎）应设置溢洪设施，以保证安全。小型塘堰溢洪设施根据承雨面积从简设计，塘堰有溢洪口的可对溢洪口进行加固，没有的可以直接埋设涵管作为溢洪管。

10. 附属建筑物。坝体填筑完成后进行附属建筑物施工，确保配套设施齐备。

（二）操作要点

1. 塘堰（坝）基础开挖应严格按设计图纸进行。清基深度不小于 0.5 m，清基过程中，应清除开挖范围内的树木、草皮、树根、乱石、腐殖土等，弃土、杂物、废渣等应运至指定地点堆放。

2. 土质塘坝回填土须分层填筑、分层压实。每层松土铺填厚度不超过0.3 m，打夯及机械碾压均可，压实度应达到设计要求，黏性土料压实度不小于93%，无黏性土的相对密度不小于0.7。

3. 土石坝坝体及坝基无明显渗漏现象。设置的土质心墙、斜墙防渗体顶部应不低于校核洪水位，渗透系数宜不大于1×10^{-5}cm/s；均质土坝坝体渗透系数宜不大于1×10^{-4}cm/s；土质防渗体（包括均质坝、心墙、斜墙、铺盖和截水槽等）与坝壳排水体或坝基透水层之间应满足反滤原则，否则应设置反滤层或同时设置反滤层和过渡层。

4. 塘堰（坝）应设置放水设施。放水设施由进口、管身及出口消能设施组成；放水管进口高程应低于塘堰底部0.5～1.0 m，以保证生态用水，放水管应安装在坚实基础上。在软基等基础上可采用浆砌块石加固砌筑等措施，避免深陷断裂，进水口应设置闸门或其他控制性设施，启闭设备应简便灵活、运行安全可靠；放水管管身宜采用预制混凝土圆管，管径根据引水流量确定。

5. 塘堰（坝）应设置溢流设施。溢流口尺寸应根据最大洪水流量确定，溢流口应采用混凝土或浆砌石砌筑，泄槽末端应设消能设施，并与下泄河道或渠道平顺连接。

6. 塘堰（坝）护坡型式应因地制宜。除必须采用硬护坡的塘埂外，应采用草皮生态护坡，背水面坡脚可根据需要设置反滤、渗排设施。

7. 塘堰（坝）下游坝面可设置坝体排水设施。对塘埂较高的进行渗流计算后，再决定是否设置坝体排水设施。坝体排水可采用棱体排水、贴坡排水等，排水底脚处应设置排水沟；下游坝面与两边岸坡连接部位应设置排水沟，排水沟应采用浆砌石或混凝土砌筑，断面尺寸应不小于0.25 m×0.25 m，其他部位的坝面排水应结合护坡型式进行设置。

二、蓄水池和小型集雨设施

蓄水池是指为承蓄水体而人工开挖的池塘。小型集雨设施是指在坡面上修建的拦蓄地表径流的设施，包括小型集雨池（窖）、水柜等。

（一）施工工序

蓄水池施工工序：场地清理→测量定位、放样→基坑开挖→混凝土垫层→底板混凝土浇筑→脚手架搭设→池壁及进水堰清水池顶板浇筑→池壁及柱子浇筑→池体附属建筑物施工→进出水管安装→满水试验→土方回填→散水坡及护栏安装。

小型集雨设施施工工序：测量定位、放样→基坑开挖→混凝土垫层→底板钢筋绑扎→底板混凝土浇筑→侧壁定位放线→侧壁钢筋绑扎→脚手架搭设→侧壁模板安装→池壁钢筋绑扎→混凝土浇筑→土方回填→散水坡及护栏。

（二）操作要点

1. 蓄水池容量宜控制在10 000 m^3 以下，蓄水池边墙应高于蓄水池最高水位0.3～0.5 m，四周应修建高度1.2 m以上的防护栏，以保证人、畜等的安全，并在醒目位置设置安全警示标识。南方和北方地区亩均耕地配置蓄水池的容积一般应分别不小于8 m^3 和30 m^3。

蓄水池

2. 小型集雨池（窖）、水柜等容量不宜大于500 m^3，各地可根据实际情况调整。集雨场、引水沟、沉沙池、防护围栏、取用水设施等应配套齐全。当利用坡面或公路等做集雨场时，蓄水容积与集雨面积应相匹配，以保证足够的径流来源，相关设计应符合《雨水集蓄利用工程技术规范》（GB/T 50596）的规定。

集雨水窖

三、小型泵站

小型泵站是指装机容量 200 kW 以下的灌排泵站。

（一）施工工序

测量定位、放样→地基开挖→基础浇筑→泵房施工→流道与管道施工→进、出水建筑物施工→泵、电动机、水工金属结构安装→动力线路、电气设备安装→设备调试→抽水试验→完工验收。

（二）操作要点

1. 提水泵站的设计流量或装机容量应根据灌溉设计保证率、设计灌水率、设计灌溉面积、灌溉水利用系数及灌溉区域内调蓄容积等综合分析计算确定，灌溉泵站设计流量宜根据相应指标控制在 1 m^3/s，排水泵站宜控制在 2 m^3/s，自渠道提水的泵站设计流量应与渠道的设计流量相衔接，提水泵站的装机容量宜控制在 200 kW 以下，泵、电动机、管道、输变电设备、线路和泵房等配套率应达到 100%。

2. 泵站装置效率不宜低于 60%，扬程低于 3 m 的泵站、柴油机配套的机组及抽送多泥沙水时，其装置效率可适当降低。

3. 泵站设计不得采用定型设计，必须进行实地勘测后再设计，泵站设计应符合《泵站设计规范》（GB 50265）规定，其主要设备型号、技术参数符合设计要求，配电设备安装符合规范要求；机组安装位置符合设计要求，设备无损伤，无缺少零部件，设备外观无碰撞漏漆现象。

小型泵站

四、农用机井

农用机井是指在地面以下凿井、利用动力机械提取地下水的取水工程，包括大口井、管井和辐射井等。井灌工程应根据水文地质条件和地下水资源利用规划，按照合理开发、采补平衡的原则，确定经济合理的地下水开采规模和主要设计参数。井灌工程的泵、动力输变电设备和井房等配套率应达到100%，设计应符合《机井技术规范》（GB/T 50625）的规定。

（一）施工工序

定位放线→编号→钻机安装→钻井→地层（岩芯）采样→水文地质观测及地层编录→疏孔→井管安装→洗井和试验抽水→水样采取→成井验收。

（二）操作要点

1. 根据管井设计孔深、孔径及水文地质条件，并考虑钻机运输、施工、水电供应条件等因素，选用合适工程的钻机；根据孔井位置，安装钻机时，应与通讯电缆、构筑物、管道及其他地下设施边线保持足够的安全距离，并应遵守有关行业施工现场的规定。

2. 钻机及附属配套设备的安装，必须基础坚实、安装平稳、布局合理、便于操作；管井施工所需管材、滤料、黏土及其他物料，必须按设计要求在开钻前准备好，并及时运到现场。

井房与明渠

3. **钻进方法与护壁应符合以下规定**。松散层或基岩层可采用正循环回转式钻进；碎石土类及沙土类散层可采用冲击式钻进；无大块碎石、卵石的松散层可采用反循环回转钻进；岩层严重漏水或供水困难的基岩层可采用潜孔钻锤钻进。冲洗介质应根据水文地质条件和施工情况合理选用，在稳定地层，采用清水；在松散、破碎地层，采用泥浆。松散层钻进时，应根据钻进机具和地层岩性采取水压护壁或泥浆护壁，采用水压护壁时，孔内一般要有 3.0 m 以上的压力水头；泥浆护壁时，孔内泥浆面距地面小于 0.5 m；顶部的松散层采用套管护壁。

4. **井孔倾斜应符合规范规定**。钻进时要合理选用钻进参数，必要时应安装导正器，如发现孔斜征兆，必须及时纠正。

5. **终孔后应用疏孔器疏孔**。疏孔器外径应与设计井孔直径相适应，长度一般不少于 8 m，达到上下畅通。下井管前应校正孔径、孔深和测斜；井孔直径不得小于设计孔径 20 mm，孔深误差小于千分之二。小于或等于

100 m 的井段，其顶角的偏斜不得超过 1°；大于 100 m 的井段，每百米顶角偏斜的递增速度不得超过 1.5°，井段的顶角和方位角不得有突变。

机井与管道

第二节 输配水工程

输配水工程是指将水从水源输送至用水部位的工程，分明渠和管道。输配水工程应按灌溉规模、地形条件、宜机作业和耕作要求合理布置。输配水工程的设计、施工应按照有关技术标准执行。

要因地制宜采取渠道防渗、管道输水等节水措施，渠系水利用系数、田间水利用系数和灌溉水利用系数应符合《节水灌溉工程技术标准》（GB/T 50363）的要求。

1. 渠系水利用系数，采用地表水的不宜低于 0.55，采用地下水的不应低于 0.90。

2. 采用管道输水时，管系水利用系数不应低于 0.95。

3. 田间水利用系数，水稻田不宜低于 0.95，旱作农田不宜低于 0.90。

4. 灌溉水利用系数，渠道防渗输水灌溉工程，大型灌区不应低于 0.50，中型灌区不应低于 0.60，小型灌区不应低于 0.70，其中地下水灌区不应低于0.80；管道输水灌溉工程不应低于0.80；喷灌工程不应低于0.80；微灌工程不应低于0.85，滴灌工程不应低于0.90。

一、明渠

明渠是指在地表开挖和填筑的具有自由水流面的地上输水工程。

明渠输水

(一) 施工工序

1. 现浇梯形渠。一般采用“六线放样法”施工工艺。根据控制桩放中线→挖掘机开槽筑埂→修整渠道底部及夯实边坡形成土模→六条线放样→安装伸缩缝板→混凝土浇筑→水泥砂浆抹面。

现浇梯形渠道

2. 现浇矩形渠。根据控制桩放中线→挖掘机开槽筑埂→修整渠道底部及边墙土模→铺填碎石垫层→支边墙模板→安装伸缩缝板→侧墙混凝土浇筑，压顶处条子挡边→按时间规定拆模板→底板混凝土浇筑。

现浇矩形渠道

3. 预制水泥砖矩形渠。根据控制桩放中线→挖掘机开槽筑埂→修整渠底→安装伸缩缝板→混凝土底板浇筑→底板混凝土强度达标后砌两侧砖墙→水泥砂浆抹面→墙后土方回填、夯实。

4. 预制梯形槽施工。根据两头的控制桩放中线→挖掘机沿线开槽→人工修整底部→安装渠槽、预留缝→挂线修整渠槽→回填土→清理渠槽、勾缝。

预制梯形槽渠道

5. 预制U型槽施工。根据控制桩放中线→挖掘机沿线开槽→人工断面修整→安装渠槽、预留板缝、伸缩缝→回填土→清理渠槽、勾缝。

预制U型槽渠道

6. 现浇一体成型渠道施工。渠道清表→取土回填压实→根据控制桩放中线→挖掘机开槽整坡→混凝土衬砌一体化设备衬砌。

（二）操作要点

1. 根据灌溉规模、地形条件、田间道路、耕作方式等要求，合理布置各级输配水渠道及渠系建筑物，因地制宜选择渠道防渗、管道输水灌溉、喷微灌等节水灌溉工程形式，灌溉水利用系数应不低于《节水灌溉工程技术标准》（GB/T 50363）的有关要求。

预制块贴坡渠道

2. 在固定输水渠道上的分水、控水、量水、衔接和交叉等建筑物应配套齐全。灌排设施外观应整洁美观。渠道、渠系建筑物外观轮廓线顺直，表面平整、光洁；设备应布置紧凑，表面整洁，仪器仪表配备齐全。

浆砌石渠道

3. 平原地区斗渠（沟）以下各级渠（沟）宜相互垂直，斗渠（沟）长度宜为 1 000～3 000 m，间距应与农渠（沟）长度相适宜；农渠（沟）长度、间距应与条田的长度、宽度相适宜；河谷冲积平原区、低山丘陵区的斗、农渠（沟）长度可适当缩短。

新型卡扣式预制渠道

4. 斗渠和农渠等固定渠道宜综合考虑生产与生态需要，因地制宜进行防渗处理，防渗率不低于70%，井灌区固定渠道应全部进行防渗处理。防渗应满足《渠道防渗衬砌工程技术标准》（GB/T 50600）的规定。宜采用标准化设计、工厂化生产、装配化施工的预制混凝土渠槽。渠道设计流量小于1 m^3/s 时，宜采用整体式预制渠槽。

5. 衬砌机衬砌的渠道采用先清表、再回填、后开挖的施工工艺，施工前先清除渠道的淤泥、杂草灌木、树桩等杂物，然后采用粉质黏土回填，施工前进行土样击实试验，确定土的最大干密度和最优含水率，以土的最大干密度进行质量控制。渠道填筑压实度不得小于0.90。填筑施工按铺土、平整，碾压，检测三个阶段进行流水作业。

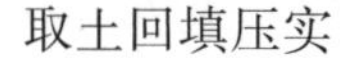
取土回填压实

挖掘机开槽整坡

6. 渠道衬砌机是将混凝土布料、摊铺、振捣、碾实、压光、行走等功能集中于一体的设备。混凝土浇筑过程中，严格控制坍落度、水灰比，砼坍落度在4～6 cm，要分批做坍落度试验，如坍落度与原配合比试验不符时，应予调整配合比，浇筑过程中由专人进行现场指挥，观察铺料情况、向机械操作人员传递信息，掌握好振捣时间和机械行走速度。渠道每5 m设一道缩缝，缝宽2 cm，缝间填充高压聚乙烯闭孔泡沫板。

一体化设备衬砌

渠道混凝土养护

二、输水管道

输水管道是指在地面或地下修建安装的输送承压水具有压力水面的工程设施。输水管道由管子、连接件和阀门等连接而成，包括干管和支管两级固定输水管道及配套设施。

（一）施工工序

施工放样→管沟开挖→基础处理→管道安装→管沟回填→设备安装→管道水压试验→附属建筑物施工。

1. 施工放样。根据施工图纸及测量控制网放出管网位置基线，并打桩定位，在每个中心桩处设置龙门桩，桩位要能长期保存且不妨碍施工，龙门桩高度根据管线坡比用水准仪定出高程，并定出管沟中心线、管沟底开挖线、管沟开口开挖线，最好用石灰线标定开挖线路。

2. 管沟开挖。管沟应位于天然稳定土层中，宜采用窄沟断面形式，沟底开挖宽度应根据管道直径以及施工方法、开挖机械、施工进度要求等因素确定。沟底最小开挖宽度：管道内径≤400 mm，沟底宽度≥管道外径＋600 mm；管道内径 400～1 000 mm，沟底宽度≥管道外径＋800 mm；管道内径≥1 000 mm，沟底宽度≥管道外径＋1 000 mm。同一管沟并行敷设的管道间距，以外轮廓计不应小于相邻管道的平均半径，且不应小于 300 mm。开挖出的土料堆置管沟一侧形成土堤，土堤坡脚至管沟边缘距离不宜小于 300 mm。当管沟开挖遇有积水或地下水时，应及时排水。在管沟基底设计高程以下，应预留夯底土层，厚度视土质而定。管道接口部位宜局部加宽管沟。管槽底高程的允许偏差为±20 mm，管槽中心线偏差应小于 30 mm。

3. 基础处理。管道位于淤泥、杂填土或其他高压缩性土层地基上时，可采用清除换填等方法进行处理，换填材料可用黏土、砾石、砂及其他性能稳定、无侵蚀性材料。湿陷性黄土、多年冻土、冻胀土、膨胀土、地下采空区等不良地基应进行相应处理。砂土、粉砂土、黏性土、压实填土的地基可设置不小于 100 mm 的垫层，基础的下层应铺砾石或碎石，压实度不小于 95%；上层应铺设厚度不小于 50 mm 的中粗砂。

4. 管道安装。安装前应对管材、管件进行外观检查、清除管内杂物。人工搬运管道应轻抬轻放，不在不平地面滚动、在地面上拖动以及从地面自由滚下沟槽，要防止石块等重物撞击管道。管道安装宜按先干管后支管顺序进行，采用承插式连接时，应将插口顺水流方向，承口逆水流方向，安装宜由下游往上游进行。管道中心线应平直，管底与槽底应贴合良好；调压井和检查井的底板基底砂石垫层应与管道基础垫层平缓顺接。

5. 管沟回填。管道敷设后，应对管道填土定位。对重要位置或易发生漏水的部位应在水压实验合格后再进行回填，其余位置应密封和水压试验前及时进行回填。管顶以上回填厚度应满足抗浮要求的最小厚度且不小于 400 mm。填土中不应含有尖角、锐棱的块石和废弃物，低液限有机土、高液限土、冻土、软土、膨胀土及湿陷性黄土等不应用于管区填土。回填时槽底应无积水，填土施工应分层对称进行，不应单侧回填，两侧压实度应相同，回填高差不应超过 300 mm，管顶部分填土施工可用人工夯打或轻型机械压实，但不应直接作用在管道上。使用碾压设备时，管顶填土厚度应经过荷载计算确定，且不应小于 500 mm。

6. 设备安装。与管道连接的机电设备、水泵、水表、闸阀等定型产品应按厂家提供的安装说明进行安装，并应符合《机械设备安装工程施工及验收通用规范》(GB 50231)、《电气装置安装工程施工及验收规范》(GB 50254)、《泵站设备安装及验收规范》(SL 317) 等的规定。给水装置安装前应进行检查，其转动部分应灵活；给水装置与竖管应连接稳固、可靠。

7. 管道水压试验。管道水压试验和渗水试验应在管道安装完毕并填土定位后进行。管道充水宜从下游缓慢灌入，且在试验管段的上游管顶及管段中的凸起点设排气阀。管道试水时，环境气温应不低于 5 ℃，冬季进行管道水压试验时，应采取防冻措施，试验完毕后应及时放空管道。管道水压试验的分段长度对无阀门等中间连接的管道，不宜超过 1 000 m，对中间有连接的管道可根据其位置分段进行试验。当管道长度不大于 1 000 m 时，在试验压力下保持恒压 10 min，管道压力下降不大于 0.05 MPa，管道无泄漏、无破损即为合格。管道渗漏损失应符合管道水利用系数要求，不应有集中渗漏，实测渗水量不大于允许渗水量即为合格；实测渗水量大于允许渗水量时，应修补后重测，直到合格。

8. 附属建筑物施工。支墩、镇墩、调压井、阀门井、出水口消力池等附属建筑物应与管道安装过程同时进行，其现浇混凝土、砌体水泥砂浆强度应达到设计规定。

(二) 操作要点

1. 管道系统应结合地形、水源位置、田块形状及沟、路走向优化布置。干管和支管在灌区内的布设密度宜为 90～150 m/hm^2，支管间距宜采用 50～150 m。支管上布置出水口，单个出水口的出水量应通过控制灌溉的格田面积、作物类型、灌水定额计算确定。各用水单位应设置独立的配水口，单口灌溉面积宜在 0.25～0.6 hm^2，出水口或给水栓间距宜为 30～50 m。单个出水口的出水量应通过其控制面积、作物类型、灌水定额计算确定。管道系统宜采用干管续灌、支管轮灌的工作制度，规模不大的管道系统可采用续灌工作制度。管道输水灌溉工程建设应按《管道输水灌溉工程技术规范》(GB/T 20203) 规定执行。

2. 管道布置力求最短距离且管线平直，并应减少折点和起伏；当转弯部分采用圆弧连接时，其弯曲半径不宜小于 130 倍的管道外径；当采用直线段渐近弯道时，每段水流的折转角不应大于 5°，且渐近弯道半径不宜小于 10 倍的管外径。

3. 管道系统首部及干支管进口应安装控制和量水设施；管道最高处、管道起伏的高处、顺坡管道节制阀下游、逆坡管道节制阀上游、逆止阀上游、压力池放水阀的下游以及可能出现负压的其他部位应设置进排气阀；管道低处、管道起伏的低处应设置排水泄空装置；寒冷地区应采取防冻害措施。

4. 冻土深度小于 1.5 m 的地区，固定管道应埋在冻土层以下，且顶部覆土厚度不小于 70 cm，管道系统末端需布置泄水井；冻土深度大于等于 1.5 m 的地区，固定管道抗冻要求按《灌溉与排水工程设计标准》（GB 50288）规定执行。

5. 塑料管安装应符合下列规定。

聚氯乙烯管宜采用承插式橡胶圈止水连接、承插或套管粘接和法兰连接，聚乙烯管宜采用承插式橡胶圈止水连接、热熔对接和法兰连接，聚丙烯管不宜用粘接法连接。承插式橡胶圈止水连接时，插口不宜插到承口底部，应留出不小于 10 mm 的伸缩空隙，承插口周围空隙均匀，连接的管道平直。

采用粘接法连接时，应先对管与管件进行去污、打毛等预处理，粘接时胶黏剂涂抹应均匀，涂抹长度应符合规定。

热熔对接时，电热设备的温度和时间控制、焊接设备的操作应按接头的技术指标和设备的操作程序进行。

采用法兰连接时，法兰应放入接头沟槽内，并应保证管道中心线平直，法兰密封圈应与管同心，拧紧法兰螺栓时，扭力应符合规定，各螺栓受力均匀。

6. 玻璃钢管安装应符合下列规定。

管道运输时应固定牢靠，采用卧式堆放，不得抛掷或剧烈撞击。

管道起吊时宜用柔性绳索，若用铁链或钢索起吊应在吊索与管道棱角处填橡胶块或其他柔性物，应采用双点起吊，并轻起轻放。

采用套筒式连接时，应清除套筒内侧和插口外侧的污渍和附着物。

管道安装就位后套筒式或承插式接口周围不应有明显变形和胀破。

施工过程中应防止管道受损，避免内表层和外保护层剥落。

管道曲线铺设时，接口的允许转角不应大于相应规定。

7. 钢管、铸铁管的安装应符合下列规定。

钢管、铸铁管及管件下沟前，应清除承口内部的油污、飞刺、铸砂及铸瘤；柔性接口管及管件承口的内工作面、插口的外工作面应修整光滑，不应有沟槽、凸脊缺陷和裂纹。

沿直线安装管道时，宜选用管径公差组合最小的管节组对连接。

滑入式橡胶圈连接时，推入深度应达到标记环，并复查与其相邻已安装好的第一至第二个接口推入深度。

安装机械式柔性接口时，应使插口与承口法兰压盖的轴线相重合；螺栓安装方向应一致，用扭矩扳手均匀、对称地紧固。

管道输水

第三节　渠系建筑物工程

渠系建筑物工程是指在灌溉或排水渠道系统上为控制、分配、测量水流，通过天然或人工障碍，保障渠道安全运用而修建的各种建筑物的总称。斗渠（含）以下渠道的建筑物，主要包括水闸、农桥、涵洞、渡槽、倒虹吸、跌水与陡坡、沉沙池、进出水口、量水设施等（前3种最为常见），高标准农田项目一般均为4、5级小型建筑物。

渠系建筑物使用年限应与灌溉与排水系统主体工程相一致，与主体田块设计使用年限相协调。渠系建筑物工程的设计、施工应按照有关技术标准执行。

渠系建筑物的总体布置原则有以下几条。

1. 渠系建筑物的建设位置和类型，应根据灌溉和排水区总体规划要求，按照确保渠道正常运行的原则，结合地形、水文、地质、施工、环保、水保、材料、交通、运行、管理和美观条件，经技术经济比较确定。

2. 灌溉渠道的渠系建筑物应按设计流量设计、加大流量校核，排水沟道的渠系建筑物仅按设计流量设计。同时应满足水面衔接、泥沙处理、排泄洪水、环境保护、施工、运行管理的要求，适应交通和群众生活、生产的需要。

3. 渠系建筑物宜布置在渠线顺直、水力条件良好的渠段上，在底坡为急坡的渠段上不应改变渠道过水断面形状、尺寸或设置阻水建筑物。

4. 渠系建筑物宜避开不良地质渠段。不能避开时，应选用适宜的布置型式或地基处理措施。

5. 顺渠向的渡槽、倒虹吸管、节制闸、陡坡与跌水等渠系建筑物的中心线应与所在渠道的中心线重合。跨渠向的渡槽、倒虹吸管、涵洞等渠系建筑物中心线宜与所跨渠道的中心线垂直。

6. 除倒虹吸管和虹吸式溢洪堰之外，渠系建筑物宜采用无压明流流态。

7. 在渠系建筑物的水深、流急、高差大等开敞部位，以及临近高压线、重要管线及有毒有害物质等位置，应针对具体情况分别采取留足安全距离、设置防护隔离设施或醒目的警示标牌等安全措施。

一、水闸

修建在渠道等处控制水量和调节水位的控制建筑物。包括节制闸、进水闸、冲沙闸、退水闸、分水闸等。在灌溉渠道轮灌组分界处或渠道断面变化较大的地点应设置节制闸，在分水渠道的进口处宜设置分水闸，在斗渠末端的位置宜设置退水闸，从水源引水进入渠道时，宜设置进水闸控制入渠流量。灌排渠系水闸设计可参照《水闸设计规范》（SL 265）执行。

（一）施工工序

测量放样→基础开挖→闸室浇筑→闸门、启闭机安装→土方回填。

（二）建设要点

1. 闸址应根据灌排区规划确定的渠系布置、规模、使用功能、运行特点、地形地质、管理维修和环境保护等条件，综合比较选定。

2. 节制闸的闸孔净面积和渠道过水面积宜相等或接近，闸孔数目宜为奇数。

3. 分水闸、泄水闸与渠道的中心线夹角宜为60°～90°，其闸室进口与上级渠道之间应平顺连接并保持渠堤交通顺畅。

4. 节制闸、退水闸的中心线应与渠道中心线重合。

5. 多泥沙灌溉渠道上的分水闸底板或闸槛顶部应高于上级渠道底面10 cm 以上。

6. 闸孔宽度应根据水深、流量、闸门和启闭设备类型经技术经济比较后合理选定。闸孔孔径应符合《水利水电工程钢闸门设计规范》（SL 74）的闸门孔口尺寸系列标准。

水　闸

7. 上游翼墙顺水流向的投影长度应不小于铺盖长度，下游翼墙每侧的平均扩散角宜采用 7°～12°，其顺水流向投影长度应大于消力池长度。

8. 严寒和寒冷地区水闸闸室及上、下游连接段的侧墙背后，底板之下，应采取妥善的排水、保温、抗冻胀措施。

二、农桥

农桥应采用标准化跨径。桥长应与所跨沟渠、溪流宽度相适应，一般不超过 15 m，桥宽宜与所连接道路的宽度相适应，一般不超过 8 m。农桥的行车设计速度应小于 20 km/h。应充分考虑荷载类型及最不利荷载组合，农桥的人群荷载不应低于 4.0 kN/m^2。农桥两侧应修建防护栏，高度一般不低于 1.1 m，并在醒目位置设置安全警示标识。

（一）施工工序

测量放样→基础开挖→桥墩（台）浇筑→桥板浇筑或安装→护栏浇筑或安装→桥面浇筑或铺设→土方回填。

（二）建设要点

1. 跨渠桥的桥位应选在渠线顺直、水流平缓、渠床及两岸地质条件良好的渠段上。桥梁与渠道的纵轴线宜为正交，当斜交不可避免时，其相交的锐角应大于 45°。

2. 桥孔布置应符合下列要求。

（1）跨渠桥两端桥台迎水面之间的总长度宜大于渠道加大流量对应的水面宽度。因桥墩（台）的影响而产生的渠道水面壅高值应不大于 0.10 m。

（2）在流速大于临界流速的急流渠道横断面中不应布置桥墩（台）。缓流渠道中桥墩（台）顺水流方向的轴线应与渠道中心线方向一致，且不宜布置在渠道主流位置上。

（3）桥孔形状宜与渠道形状一致。当桥孔与渠道过水断面相当而形状或流速相差较大时，应按照收缩（或扩散）角为 6°～10°的要求，在桥梁上、下游布置足够长度的防冲、抗渗渐变连接段。

（4）通过非岩基渠道和河流的桥梁，应考虑桥孔和桥墩（台）压缩水流而产生的桥下冲刷。

（5）跨渠桥梁的下部结构及上、下游连接段结构应与渠道防渗措施妥善连接，不应降低渠道原有的防渗标准。

（6）农桥桥上及桥头引道等各项技术指标均应参照四级公路的最低标准值确定。桥上纵坡不宜大于4%，桥头引道纵坡不宜大于5%，位于市镇混合交通繁忙处的桥上纵坡和桥头引道纵坡均不应大于3%。桥头两端引道线形应与桥面线形相配合，当桥头渠堤顶部宽度不足时，宜局部加大渠堤顶部路面宽度。

农　桥

三、涵洞

田间道路跨越渠道、排水沟时埋设在填土面以下的输水建筑物。渠道穿越道路时宜在路下设置涵洞，应根据无压或有压要求确定拱形、圆形或矩形等横断面形式，涵洞的过流能力应与渠（沟）道的过流能力相匹配。承压较大的涵洞应使用钢筋混凝土管涵、方涵或其他耐压涵管，管涵应设混凝土或砌石管座。涵洞洞顶填土厚度应不小于0.7 m，对于衬砌渠道应不小于0.5 m。

（一）施工工序

测量放样→基础开挖→垫层浇筑→管座浇筑或砌筑→涵管安装→接缝处理→进、出水口处理→土方回填。

（二）建设要点

1. 涵洞轴线布置应符合下列要求。

（1）涵洞轴线宜为直线，其走向应有利于选择涵洞流态和型式、涵洞进、出口水流平顺或交通通畅。

（2）渠涵轴线应与渠道中心线一致，其进、出口水面应与渠道水面平顺衔接，符合渠道设计及运用要求。连接山区河沟或高等级道路的涵洞轴线宜与水流或路线方向一致。

2. 渠涵的洞身段纵坡应不小于该段渠道的纵坡，其各部底面高程应满足与渠道水面衔接的要求。

3. 涵洞的孔径除应满足正常要求外，还应满足防止流冰、泥石及漂浮物堵塞，控制涵前允许积水高度和涵后冲刷等特殊要求。

4. 涵洞进、出口的型式、尺寸和底面高程应结合地形、地质条件、水流特性、防冲加固和消能措施等综合选择确定，确保过涵水流平稳顺利和附近渠堤稳定安全。渠涵进出口宜采用扭面或八字墙型式，其平面扩散角应为6°～12°。

5. 洞身防渗与防水应符合下列要求。

（1）沿涵洞洞身外壁及出口段末端处的渗透水力坡降和渗水流速应分别小于涵洞外周及出口段末端处土壤的允许渗透水力坡降和渗水流速。当不能满足要求时宜采取提高涵周土壤密实度或在涵身外壁设置截水环等措施。

（2）涵洞内水不应外渗。涵身纵向变形通缝的缝宽宜为20～30 mm，缝内应设止水。

6. 位于良好地基上的圆涵宜采用浆砌石或混凝土连续刚性弧型管座，其包角为90°～135°。当管径小且地基土层压缩性不大时宜直接置于弧形土基或碎石三合土垫层上。

7. 箱涵在不大于地基允许承载力的情况下可不另设基础，仅在底板下设方便施工的水泥砂浆垫层。

8. 涵洞基础埋置深度应符合下列要求。

（1）涵洞基础埋深不应小于1.0 m，且应埋置到冻土深度以下不小于0.5 m处。

(2) 涵洞基础应不受冲刷，不设底板的涵洞底部宜采取铺底保护措施。铺底采用浆砌片石或混凝土砌筑，厚度不应小于30 cm，且应在进、出口两端的铺底层下加设防渗截水齿墙。

(3) 涵洞进、出口段翼墙的基础埋深应为河沟洪水冲刷线以下至少1.5 m，对冻胀土地基应埋置到冻土深度以下不小于0.5 m处。

涵　洞

四、渡槽

输水工程跨越低地、排水沟或交通道路等修建的桥式输水建筑物。常架设于山谷、洼地、河流之上，用于通水、通行和通航。渡槽主要有拱桁架、薄壁墩或重力墩、排架式、斜拉式等。渡槽由进出口段、槽身、支承结构和基础等部分组成。槽身横断面有矩形、梯形、U形、半椭圆形和抛物线形等，应根据实际情况，采取具有抗渗、抗冻、抗磨、抗侵蚀等功能的建筑材料及成熟实用的结构型式修建。

(一) 施工工序

测量放样→基础开挖→支承结构浇筑→槽身浇筑或安装→进出口段处理→土方回填。

（二）建设要点

1. 对 4、5 级的小型渡槽，使用的建筑材料最低强度等级应符合下列规定。

（1）所用混凝土的最低强度等级为：槽身、拱式渡槽主拱圈、墩帽 C25，排架、墩身 C20。

（2）拱式渡槽所用石料的强度等级不应低于 MU30。

（3）砌筑用砂浆的强度不应低于 M5。

2. 渡槽钢筋混凝土结构设计和所遵循的构造要求，应符合其强度、稳定性、抗裂（或限裂）和耐久性需要，且应对混凝土浇筑、拆模、养护和使用添加剂等施工重要环节作出规定。

3. 槽址选择应遵循下列原则。

（1）应使渡槽和引渠长度较短、地质条件良好。

（2）槽身轴线宜为直线，且宜与所跨河道或沟道正交。

（3）跨河渡槽的槽址处河势应稳定，渡槽长度和跨度的选取应满足河流防洪规划的要求，减小渡槽对河势和上、下游已建工程的影响。

（4）便于在渡槽前布置安全泄空、防堵、排淤等附属建筑物。

4. 槽下净空应符合下列规定。

（1）跨越通航河流、铁路、公路的渡槽，槽下净空应符合相关部门行业标准关于建筑限界的规定。

（2）跨越非等级乡村道路的渡槽，槽下净空应根据当地通行的车辆或农业机械情况确定。其槽下最小净高对人行路应为 2.2 m、畜力车及拖拉机路应为 2.7 m、农用汽车路应为 3.2 m、汽车路应为 3.5 m。槽下净宽应不小于 4.0 m。

（3）非通航河流（渠道）的校核洪水位（加大水位）至梁式渡槽槽身底部的安全净高应不小于 1.0 m（0.5 m），拱式渡槽的拱脚高程宜略高于河流校核或最高洪水位。

5. 渡槽进、出口建筑物布置应符合下列规定。

（1）进、出口段宜布置在岩石或挖方土质渠槽上。其底部和两侧应按地质条件设计防漏、防渗、防伸缩沉陷措施和完善的排水系统，有效防渗设施长度均应大于5倍的渠道最大水深。

（2）进、出口段与上、下游渠道应平顺连接，避免急转弯。确因地形、地质条件限制而必须转弯时，弯道宜设于距离渡槽进、出口直线长度大于3倍的渠道正常水深以外，且弯道半径宜不小于5倍的渠底宽。

（3）进、出口渐变段长度应按两端渠道水面宽度与槽身水面宽度之差所形成的进口水流收缩角和出口水流扩散角控制。进口水流收缩角宜为11°～18°，出口水流扩散角宜为8°～11°。

（4）槽身和进、出口渐变段之间的连接段长度应根据情况具体布置。槽身和进、出口之间的接缝宜设不同类型的、可靠的双止水。

（5）槽身顶部宜设拉杆。拉杆间距应与槽身侧墙的刚度和计算方法相适应。

（6）位于寒冷和严寒地区的渡槽不宜采用薄壁结构型式。

（7）钢筋混凝土结构的简支梁式槽身单跨跨度宜采用8～15 m，双悬臂梁式槽身分节长度宜采用15～30 m。

（8）渡槽连接处应进行填充止水。

渡　槽

五、倒虹吸

输水工程穿过低地、排水沟或交通道路时以虹吸形式敷设于地下的压力管道式输水建筑物。根据水头和跨度，因地制宜采用斜管式、竖井式等布置型式，可设置成单管、双管或多管，管身断面形式有圆形、矩形及城门洞形等。倒虹吸管进口处宜根据水源情况设置沉沙池、拦渣设施，管身最低处设冲沙阀。

（一）施工工序

测量放样→基础开挖处理→管座、镇墩浇筑或砌筑→管道安装→管沟回填。

（二）建设要点

1. 管线选择应遵循下列原则。

（1）倒虹吸管轴线在平面上的投影宜为直线并与河流、渠沟、道路中心线正交。倒虹吸管宜设在河道较窄、河床及两岸岸坡稳定且坡度较缓处。

（2）倒虹吸管应根据地形、地质条件和跨越河流、渠沟、道路等具体情况，选用露天式、地埋式或桥式布置。地埋式倒虹吸管应埋入地面以下不小于0.5～0.8 m，寒冷地区和严寒地区应埋入冻土深度以下0.5 m，穿越渠沟、道路时应埋入沟底或路下1.0 m，穿越河流时应埋入设计洪水冲刷线以下0.5 m并采用砌护保护措施。桥式倒虹吸管的桥下净空应满足河（渠）道行洪和原有的通航要求，桥面宽度等应满足交通和施工要求。

（3）在倒虹吸管纵断面（沟道横断面）上，当地形较缓时管线宜随地面敷设，管线布置宜避免局部凸起，不可避免时应在上凸顶点的管道顶部安装自动排气阀。

（4）低水头倒虹吸管进、出口采用斜坡池式或竖井式布置时，斜坡池底或竖井底部应略低于倒虹水平管的管底，形成消力水垫或清淤空间。

2. 管道型式应符合下列要求。

（1）倒虹吸管的管道横断面宜优先采用受力条件和水力条件较好的圆

形断面。大流量、低水头或有特殊要求的也可采用矩形或其他合适的断面。

（2）倒虹吸管应根据流量、水头、建筑材料、工程造价及施工等条件，分别选用钢筋混凝土管、预应力混凝土管、预应力钢筒混凝土管、玻璃钢夹砂管、钢管、球墨铸铁管或其他管材。高差较大或管道较长的倒虹吸管宜分段采用不同管材。各种材料的管道分别适用于下列情况。

① 低水头、大流量、埋深小的倒虹吸管，宜采用钢筋混凝土矩形箱式断面；

② 管径或设计内水压力较大时，宜采用钢筋混凝土管或预应力混凝土圆形管；

③ 高水头（水头大于 50 m）或管外土压力较大（管顶填土厚度大于 5.0 m）时，宜选用预应力钢筒混凝土管、钢管或球墨铸铁管；

④ 有耐腐蚀、耐冰冻、抗高温等特殊要求时，宜优先选用玻璃钢夹砂管。

（3）管座（或管床）的型式与管道内力值密切相关，应根据管道断面、荷载、材料和地质等条件比较选用。

3. 进、出口段布置应符合下列规定。

（1）倒虹吸管进、出口段宜布置在稳定、坚实的原状地基上。进口前、出口后应设渐变段与渠道平顺连接，进口渐变段长度宜取上游渠道设计水深的3～5 倍，出口渐变段长度宜取下游渠道设计水深的 4～6 倍。

（2）进口渐变段后宜设置拦污栅和控制闸门，确保双管或多管布置的倒虹吸管按设计要求可单管或部分管运行。1～3 级和失事后损失大的倒虹吸管在上游渠侧应设泄水闸或溢流堰等安全设施。

（3）渐变段和管道之间，应根据需要设置连接段或压力前（后）池，确保通过不同流量时管道进口均处于淹没状态，并根据渠道来水含沙量和渠道系统的功能，确定在该段设置沉沙池和冲沙闸的必要性。大管径和出口需要消力的还应设压力后池。

（4）压力前池或竖井式进水口在管道前宜设置通气孔，斜坡式进水口且水深较小时可不设通气孔。

（5）出口渐变段宜设闸门控制进口水位、调节流量、保证管内呈压力流态和通过任意流量时均能与渠道水面平顺衔接。

4. 镇墩布置应符合下列规定。

（1）镇墩应设置在倒虹吸管轴线方向变化处、管道材质变化处、地面式管段与架空式管段连接处、分段式钢管每两个伸缩接头之间。相邻两镇墩之间根据距离和结构需要宜加设中间镇墩。

（2）镇墩分为封闭式和开敞式两类。开敞式镇墩宜用于固定钢管等薄壁管。封闭式镇墩可用于一般倒虹吸管，封闭式镇墩与管道之间宜采用刚性（管、墩浇筑成整体）或有足够摩擦力的柔性（管、墩分离）连接。

（3）镇墩应满足结构布置和稳定要求，较长管道应在适当位置的镇墩上结合布设清淤检修进人孔及泄空冲沙闸阀等设施。

（4）镇墩的轮廓尺寸应通过稳定、强度和墩底应力计算确定。底面形状应有利于抗滑动稳定和基底应力的均匀分布，宜为水平状、锯齿状或倾斜的阶梯状。

（5）镇墩宜设置在岩基上。置于土基或强风化岩基上的镇墩，还应考虑其基础沉陷对管道安全及管身内力的影响。

5. 倒虹吸管侧旁应设置检修通道和两岸坡上的人行台阶。高水头倒虹吸管的两岸坡人行台阶和桥式倒虹段的两侧，以及水深较大的进口、出口、压力水池周围均应设置安全围栏及安全警示牌。

倒虹吸管

六、跌水与陡坡

连接两段不同高程的渠道或排洪沟，使水流直接跌落形成阶梯式或陡槽式落差的输水建筑物。沟渠水流跌差小于 5 m 时，宜采用单级跌水，跌差大于5 m 时，应采用陡坡或多级跌水。跌水和陡坡应采用砌石、混凝土等抗冲耐磨材料建造；可采用阶梯降坡消能，也可采用斜坡配合消力池消能，严禁使用渠槽一顺安装或与管涵接驳。

（一）施工工序

测量放样→基础开挖处理→跌墙、坡道浇筑或砌筑→消力池、进出口连接段浇筑或砌筑→土方回填。

（二）建设要点

1. 陡坡与跌水应采用抗冲耐磨材料。材料的最低设计强度等级为：混凝土 C20、水泥砂浆 M7.5、块石 MU30。

2. 跌水与陡坡的布置应遵循下列原则。

（1）符合渠道设计功能，水力条件良好。

（2）与上、下游渠（河沟）道水面平顺衔接。

（3）通过不同流量时上游灌溉渠道内均不应产生过大的壅水或降水。

（4）陡坡陡槽内表面宜采取加糙措施。

（5）具备完善的防渗和排水系统。

（6）消能充分，出流平稳。

（7）渠外跌水与陡坡的下泄水流应有合理出路。

3. 进口连接控制段的布置应符合下列要求。

（1）进口连接段及其后的控制段（跌口或控制堰口）应按渠道中心线对称布置、渐变收缩，纵向底面高程及纵坡应与上游渠道一致。

（2）跌口纵向长度应小于 1.0 m 或设闸门控制。跌水的跌口末端底部应设伸出跌水墙外扩散水流的跌舌。

4. 陡坡陡槽段的布置应符合下列要求。

（1）陡槽段宜为直线、对称扩散（每侧的扩散角应小于 11°）、末端与消力池（及下游渠底）等宽。

（2）陡槽段横断面宜为矩形，土基上的陡槽可采用边坡为（1∶1）～（1∶1.5）的梯形。

（3）陡槽段纵向宜采取同一坡度，或按上缓下陡的原则分段设坡。陡槽纵坡宜取（1∶2.5）～(1∶5)，岩基上可达 1∶1。

（4）陡槽段内的流速应小于材料抗冲允许流速。

（5）陡槽段的底板和边墙应设间距为 10～15 m 的纵、横向伸缩沉陷缝。

5. 跌水墙布置应符合下列要求。

（1）沿渠道纵向，跌水墙为下游面直立的挡土墙，其墙顶与设计渠顶同高，墙底与消力池底面持平，另加墙基厚度。

（2）沿渠道横向，跌水墙墙顶应持平并伸进渠外兼作防渗齿墙，中部留出若干个跌口。中段跌水墙的墙基底面宽度应大于消力池底宽加防渗齿墙深度，两侧的跌水墙应按 6～12 m 间距设竖向伸缩缝并呈台阶状分级抬高基底高程。

（3）跌水墙结合墙高及当地材料情况宜采取重力式浆砌石、扶臂式钢筋混凝土等结构型式，必要时应在下游水面以上的墙体上设置减压排水管（孔）。

6. 消力池的布置应符合下列要求。

（1）消力池的宽度应不小于渠道底宽。

（2）消力池长度应大于水跃长度（陡坡）或大于跌落水舌的水平投影长度加水跃长度（跌水）。池深应按水跃跃后水面不高于下游渠道设计水面高程的原则选取。

（3）消力池横断面宜为矩形或复合形。

（4）结合陡坡或跌水的总体布置，应优先选用通过工程类比、水工模型试验或实践证明有效的特种型式消力池。

7. 出口连接整流段的布置应符合下列要求。

（1）当消力池的宽度不等于下游渠道底宽时，应设出口连接段，当下游渠道防冲能力差时，应设出口整流段。

（2）出口连接段平面应为对称收缩型式，长度宜使每侧的收缩角为8°～20°。出口整流段的长度应大于下游渠道水深的3倍，断面尺寸和纵坡应与下游渠道相同。

（3）出口连接整流段总长度应根据下游渠道衬砌情况取8～15倍的跃后水深，消力池内加设有消能工的宜适当缩短，但不应小于3倍跃后水深。

8. 多级跌水（多级陡坡）布置应符合下列规定。

（1）多级跌水（多级陡坡）的级数、级差（坡度）应根据地形、地质、水力学和运行管理等条件综合比较后确定。宜采用每级级差（坡度）相等和各级首尾相互衔接的布置型式。

（2）多级跌水的每级跌差不应大于5 m。

（3）多级跌水（多级陡坡）应在各级消力池末端至下一级的跌口（或下一级陡坡的陡槽起点）之间设置一段底坡为零的整流段，整流段的纵向顶长应大于水跃的跃后水深。

9. 斜管式跌水布置应符合下列规定。

（1）以成品预制管道取代陡坡陡槽段形成的斜管式跌水，适用于跌

跌水与陡坡

差小于6 m、管顶有覆土、保温或交通要求的情况，流量大的跌水应布置为多管式。

（2）斜管段的纵坡应大于临界坡度且不应陡于1∶2。

（3）常用的压力流斜管式跌水的跌水管内应保持压力流流态，不应出现明满流交替流态。

（4）无压流斜管式跌水适应较大的跌差，其跌水管内应保持无压流流态且不应出现水跃。

（5）斜管式跌水出口消能方式宜采取专用的潜没式或半压力式消力池，并加设撞击、分散等辅助消能工。无压流斜管式跌水还可采用底流消能的消力池方式。

七、量水设施

修建在渠道或渠系建筑物上用以测算通过水量的建筑物。渠灌区在渠道的引水、分水、退水等处可根据需要设置量水堰、量水槽、量水器等量水设施；井灌区可根据需要设置管道式量水仪表。量水设施的设置可参照《灌溉渠道系统量水规范》（GB/T 21303）执行。

（一）施工工序

选定量水方法→选择量水设施类型→浇筑、制作并安装调试量水设施→量测精度检验→量测数据传送。

对管道输水，量水仪表应与管道、管件同时安装。

（二）建设要点

1. 量水方法宜按照下列顺序进行选择。

（1）应优先选择利用已建成渠系建筑物量水的方法。

（2）应采用设置标准断面法或流速仪量水法。

（3）附近无渠系建筑物或渠系建筑物不能满足量水精度等要求的渠段，宜比较采用设置标准断面或量水堰槽等量水方法。

（4）量水槽有长喉道槽，短喉道槽（包括巴歇尔槽）和无喉道量水槽。

2. 应根据量水方法、经济条件，合理选用量水设备和仪表。

电子水尺

八、沉沙池

用来沉降挟沙水流中有害或过多的泥沙，减轻下游渠道淤积，满足供水要求，避免土壤沙化。沉沙池一般布置在渠首、渠道交汇处，可用砖、石砌筑，或用混凝土浇筑，要具备防渗功能且保证池体容量，形状可为长方形或正方形，宽度须大于渠道顶宽，长度不小于 60 cm，池底距渠底高差不小于 30 cm。

沉沙池的施工工序、建设要点可参见小型水源工程的蓄水池部分。

九、进排水口

在渠沟上应为每块畦田、格田设置进排水口。可在田埂与渠道衔接处预留缺口，要保证进排水口规格满足灌溉排水要求，底部高程与沟渠底板布置合理，后期采用混凝土浇筑、砖砌或安装成型预制构件。

进排水口的设置应与渠道、沟道的施工同步进行。

第四节　田间灌溉工程

田间灌溉工程是指从输水工程配水到田间的工程，包括地面灌溉、管道输水灌溉、喷灌、微灌等。

1. 应注重推广节水灌溉技术，提高水资源利用效率，因地制宜采取管道输水灌溉、喷灌、微灌等节水灌溉措施。要积极采用水肥一体化、自动化、信息化等先进技术，提高节本增效综合效益。

2. 应根据气象、作物、地形、土壤、水源、水质及农业生产、发展、管理和经济社会等条件综合分析确定田间灌溉方式。

3. 地面灌溉工程建设应按《灌溉与排水工程设计标准》（GB 50288）规定执行，管道输水灌溉工程建设宜按《管道输水灌溉工程技术规范》(GB/T 20203）规定执行，喷灌工程建设宜按《喷灌工程技术规范》(GB/T 50085）规定执行，滴灌、微喷和小管出流等形式的微灌工程建设宜按《微灌工程技术标准》（GB/T 50485）规定执行。

一、地面灌溉

利用灌水沟、畦或格田等进行灌溉的工程措施。

（一）施工工序

测量放线→田地平整→修筑田埂或开挖灌水沟。

（二）建设要点

1. 田埂或灌水沟要尽量顺直并互相垂直。

2. 畦田、格田长宽适宜，满足灌溉、耕作要求。

二、管道输水灌溉

由水泵加压或自然落差形成有压水流，通过管道输送到田间给水装置进行灌溉的工程措施。

管道输水灌溉的施工工序、建设要点参见本篇第三章第二节输配水工程的输水管道部分。

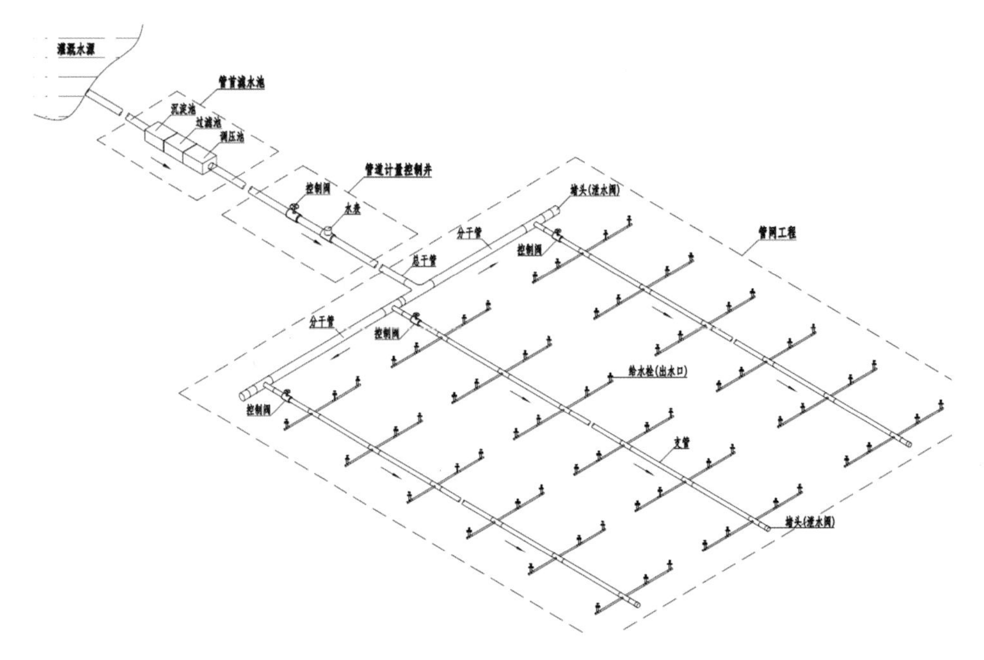

自压引水式管道灌溉系统示意图

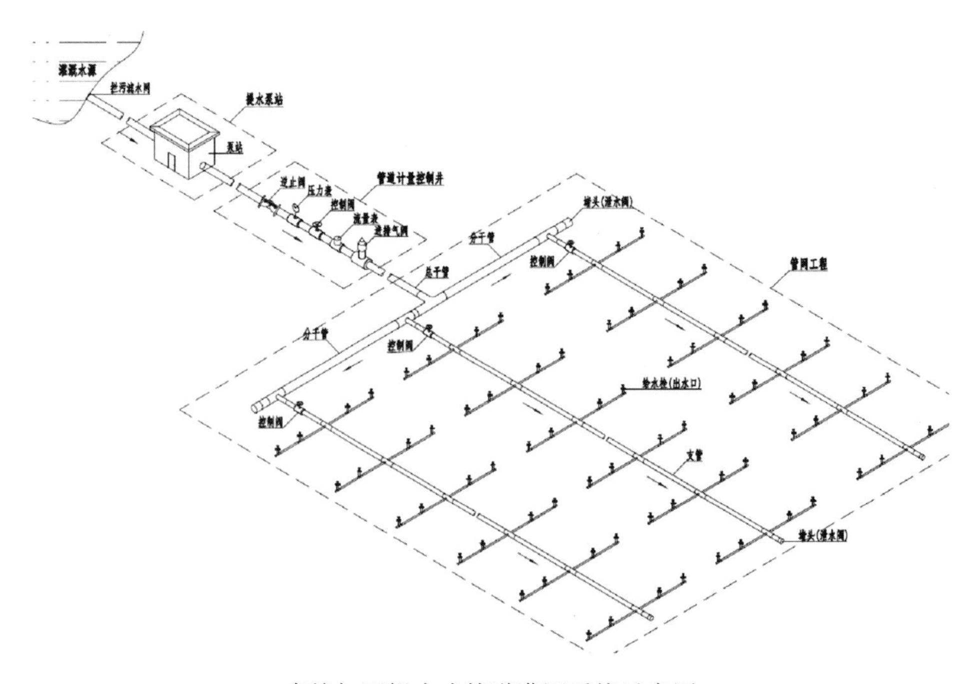

直接加压提水式管道灌溉系统示意图

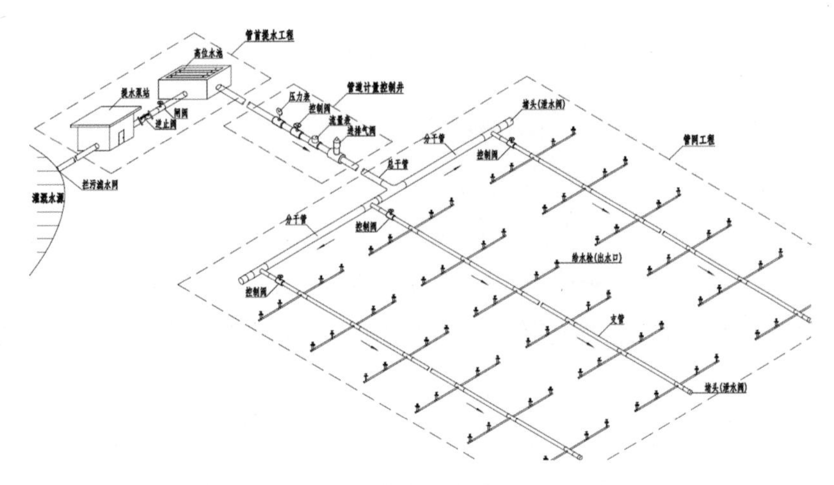

高位水池提水式管道灌溉系统示意图

三、喷灌

利用专门设备将水加压并通过喷头以喷洒方式进行灌溉的工程措施。

（一）施工工序（以管道式喷灌为例）

施工放样→水源工程施工→首部枢纽施工［过滤器安装、施肥（药）装置安装、量测仪表安装］→管网施工→管道水压试验和系统试运行→管槽回填。

（二）建设要点（以管道式喷灌为例）

1. 施工放样应符合下列要求。

（1）管道式喷灌工程应根据设计图纸直接测量管道纵断面，标明建筑物和管道主要部位与开挖断面要求；必要时设置施工测量控制网，并保留到施工完毕。

（2）放线应从首部枢纽开始，定出建筑物主轴线、泵房轮廓线及干支管进水口位置，并从干管起点引出干管轴线后再放支管管道；主干管直线段宜每隔 30～50 m 设一标桩；分水、转弯、变径处宜加设标桩；地形起伏变化较大地段，宜根据地形条件适当加设标桩。

（3）在首部枢纽控制室内，应标出水泵、动力机及控制柜、过滤器、施肥装置等专用设备的安装位置。

2. 水源工程的施工工序、建设要点。

参见本篇第三章第一节小型水源工程部分。

3. 首部枢组施工应符合下列要求。

（1）过滤器安装：①过滤器应按标识的水流方向安装，组合过滤器应按过滤器的组合顺序安装；安装位置应便于排泥排沙。②自动冲洗式过滤器的传感器等电器元器件应按产品规定接线图安装，并通电检查。

（2）施肥（药）装置安装：①宜安装在过滤器上游，安装在过滤器下游时，应配备单独的过滤设备。②施肥（药）装置的进、出水管与灌溉管道连接应牢固，使用软管时，严禁扭曲打折。③采用施肥（药）泵时，应按产品说明书要求安装，经检查合格后再通电试运行。

（3）量测仪表安装：①安装前应清除封口和接头处的油污和杂物。②应按产品说明书要求和水流方向标记安装量水设备。③在干管上，压力表宜通过缓冲管与管道连接。

4. 管网施工应符合下列要求。

（1）管槽开挖：①应按施工放样轴线、槽底设计高程和设计断面尺寸开挖。②应清除槽底石块、杂物，并顺坡整平。③开挖土料宜堆置管槽一侧。④镇墩坑、支墩坑、阀门井开挖宜与管槽开挖同时进行。

（2）管槽回填：①回填前应清除槽内一切杂物，并排尽积水，在管壁四周 10 cm 内的填土不得有直径大于 2.5 cm 的石块或直径大于 5 cm 的土块。②回填应分层轻夯或踩实，并预留沉陷超高。③在管段非接头处应先初始回填，经冲洗试压，检查合格后最终回填。④回填应在管道两侧同时进行，不应单侧回填。

（3）地埋主管道埋深应根据载荷、冻土深、材质、施工条件、经济性等综合考虑，管顶埋深不宜小于 70 cm。冻土层深度小于 1.0 m 时，管道应埋设在冻土层深度以下；大于 1.0 m 时，应进行综合比较后确定管道埋深。

（4）管道穿越道路时，应根据选用管道材质适当加大覆土厚度或加设强度大的刚性套管。对于大型管道应进行结构计算，当地下水位对其有影响时，应进行管道抗浮计算。

（5）管道安装要求：①塑料管不得抛摔、拖拉和曝晒。②塑料管安装前，应对规格和尺寸进行复查；管内应保持清洁，不得混入杂物。③管道安装宜按干管、支管、毛管顺序进行；管道应平顺放人管槽内，不得悬空和扭曲。④管道连接处应密封止水。

（6）聚氯乙烯管粘接要求：①黏合剂与管道材质应相匹配；聚氯乙烯管施工环境温度不应低于 4 ℃。②管端、管件粘接面应清污打毛，并进行配合检查。③插头和扩口处应均匀涂上黏合剂后，并适时插入转动管端，使黏合剂填满间隙。④承插管轴线应对直重合。⑤承插深度应符合要求，黏合剂固化前管道不得移动。

（7）聚氯乙烯管套接要求：①套管与密封橡胶圈规格应匹配，密封圈嵌入套管槽内不得扭曲和卷边。②插口外缘应加工成斜口，涂上润滑剂，对正密封圈，并用专用接管器将管插入，或在另一端用木锤轻轻打入套管至规定深度。

（8）采用内插倒扣管件连接时，应符合插入深度的要求，插入到位后应及时紧固。

（9）聚乙烯塑料管锁紧连接要求：①管端断面应与管轴线基本垂直。②应将锁母、卡箍、O 型胶圈依次套在管上，并将管端插入管件内，锁紧锁母。

（10）阀门、管件安装要求：①干管、支管上安装螺纹接口阀门时，宜加装活接头。②连接处不得有污物、油迹和毛刺。

（11）塑料管上直径大于 65 mm 的阀门应安装在底座上。有水流方向标识的阀门应按标识方向安装。电磁阀线圈引出线（插接件）应采用防水绝缘胶布或专用接头连接，并通电检查。

（12）旁通连接要求：①安装前应检查旁通外观，清除飞边、毛刺。②应按设计要求在支管上标定出孔位，选用专用打孔器打孔。③应按生产厂家要求将旁通插入孔内，并安装牢固。

（13）喷头安装前应进行检查，其转动部分应灵活，弹簧不得锈蚀，螺纹无碰伤。喷头安装应使其轴线垂直于水平面。

5. 管道水压试验应符合下列要求。

（1）管槽最终回填前，对管道进行水压试验。

（2）管道水压试验前，配套的构筑物（如设备基础、镇墩等）应已达要求强度，仪表、设备和首部枢纽应处于完好状态，管道铺设应符合设计要求。

（3）试验水压应为管道设计压力的 1.5 倍，并保持 10 min。

（4）当管道压力下降不大于 0.05 MPa 或渗漏水量小于允许最大渗漏水量，即为合格。

6. 系统试运行应符合下列要求。

（1）工程完工后，对系统进行冲洗和试运行。

（2）管道冲洗应按由上至下逐级顺序进行，各级管道应按轮灌组冲洗。

（3）管道冲洗步骤：①干管冲洗，应先打开待冲洗干管末端的冲洗阀门，关闭其他阀门，然后启动水泵，缓慢开启干管控制阀，直到干管末端出水清洁。②支毛管冲洗，应先打开若干条支管进口和末端阀门以及毛管末端堵头，关闭干管末端的冲洗阀门，直到支管末端出水清洁；再关闭支管末端阀门冲洗毛管，直到毛管末端出水清洁。

管道式喷灌

（4）喷灌系统试运行应按轮灌组进行。

（5）试运行时，应检查水源工程、首部枢纽、电气设备、控制阀门、施肥（药）装置、管网系统等是否运行可靠。

(6) 试运行时，应测量支管入口压力和灌水小区流量，并根据实测的压力、流量对喷灌系统进行调试。

机组式喷灌

四、微灌

利用专门设备将水加压并以微小水量喷洒、滴入等方式进行灌溉的工程措施。包括滴灌、微喷灌等。

(一) 施工工序

施工放样→水源工程施工→首部枢纽施工［过滤器安装、施肥(药)装置安装、量测仪表安装］→管网施工→自动控制与信息采集设备安装→管道水压试验和系统试运行→管槽回填。

(二) 建设要点

1. 施工放样应符合下列要求。

(1) 微灌工程应根据设计图纸直接测量管道纵断面，标明建筑物和管道主要部位与开挖断面要求；必要时设置施工测量控制网，并保留到施工完毕。

(2) 放线应从首部枢纽开始，定出建筑物主轴线、泵房轮廓线及干支管进水口位置，并从干管起点引出干管轴线后再放支管管道；主干管直线段宜每隔 30～50 m 设一标桩；分水、转弯、变径处宜加设标桩；地形起伏变化较大地段，宜根据地形条件适当加设标桩。

(3) 在首部枢纽控制室内，应标出水泵、动力机及控制柜、过滤器、施肥装置等专用设备的安装位置。

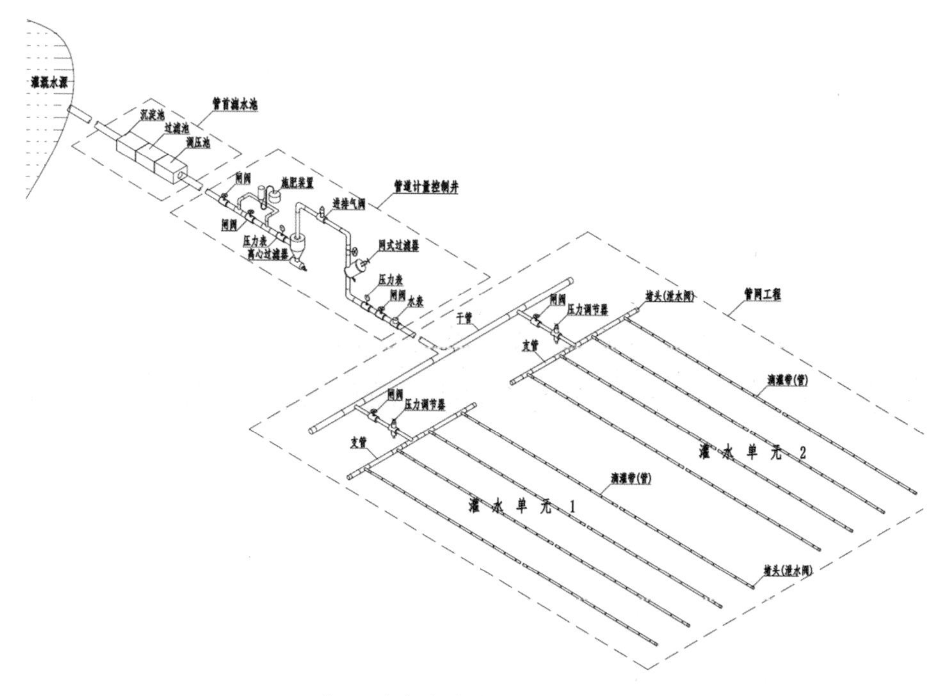

自压引水式滴灌系统示意图

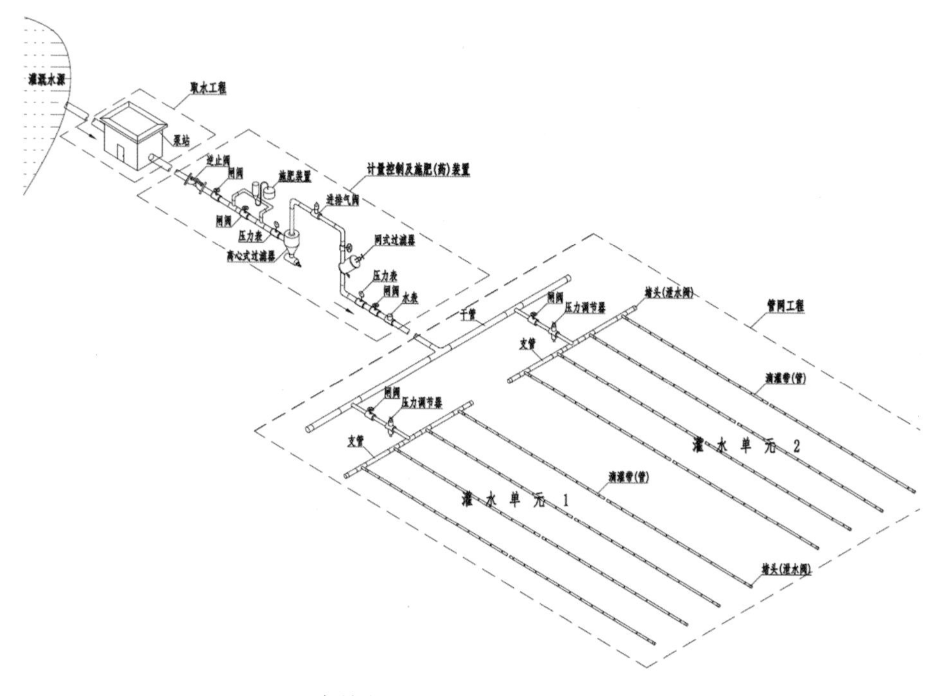

直接加压式滴灌系统示意图

2. 水源工程的施工工序、建设要点。

参见本篇第三章第一节小型水源工程部分。

3. 首部枢组施工应符合下列要求。

（1）过滤器安装：①过滤器应按标识的水流方向安装，组合过滤器应按过滤器的组合顺序安装；安装位置应便于排泥排沙。②自动冲洗式过滤器的传感器等电器元器件应按产品规定接线图安装，并通电检查。

（2）施肥（药）装置安装：①宜安装在过滤器上游，安装在过滤器下游时，应配备单独的过滤设备。②施肥（药）装置的进、出水管与灌溉管道连接应牢固，使用软管时，严禁扭曲打折。③采用施肥（药）泵时，应按产品说明书要求安装，经检查合格后再通电试运行。

（3）量测仪表安装：①安装前应清除封口和接头处的油污和杂物。②应按产品说明书要求和水流方向标记安装量水设备。③在干管上，压力表宜通过缓冲管与管道连接。

4. 管网施工应符合下列要求。

（1）管槽开挖：①应按施工放样轴线、槽底设计高程和设计断面尺寸开挖。②应清除槽底石块、杂物，并顺坡整平。③开挖土料宜堆置管槽一侧。④镇墩坑、支墩坑、阀门井开挖宜与管槽开挖同时进行。

（2）管槽回填：①回填前应清除槽内一切杂物，并排尽积水，在管壁四周 10 cm 内的填土不得有直径大于 2.5 cm 的石块或直径大于 5 cm 的土块。②回填应分层轻夯或踩实，并预留沉陷超高。③在管段非接头处应先初始回填，经冲洗试压，检查合格后最终回填。④回填应在管道两侧同时进行，不应单侧回填。

（3）地埋主管道埋深应根据载荷、冻土深、材质、施工条件、经济性等综合考虑，管顶埋深不宜小于 70 cm。冻土层深度小于 1.0 m 时，管道应埋设在冻土层深度以下；大于 1.0 m 时，应进行综合比较后确定管道埋深。

（4）管道穿越道路时，应根据选用管道材质适当加大覆土厚度或加设强度大的刚性套管。对于大型管道应进行结构计算，当地下水位对其有影响时，应进行管道抗浮计算。

（5）管道安装要求：①塑料管不得抛摔、拖拉和曝晒。②塑料管安装前，应对规格和尺寸进行复查；管内应保持清洁，不得混入杂物。③管道安装宜按干管、支管、毛管顺序进行；管道应平顺放人管槽内，不得悬空和扭曲。④管道连接处应密封止水。

（6）聚氯乙烯管粘接要求：①黏合剂与管道材质应相匹配；聚氯乙烯管施工环境温度不应低于 4 ℃。②管端、管件粘接面应清污打毛，并进行配合检查。③插头和扩口处应均匀涂上黏合剂后，并适时插入转动管端，使黏合剂填满间隙。④承插管轴线应对直重合。⑤承插深度应符合要求，黏合剂固化前管道不得移动。

（7）聚氯乙烯管套接要求：①套管与密封橡胶圈规格应匹配，密封圈嵌入套管槽内不得扭曲和卷边。②插口外缘应加工成斜口，涂上润滑剂，对正密封圈，并用专用接管器将管插入，或在另一端用木锤轻轻打入套管至规定深度。

（8）采用内插倒扣管件连接时，应符合插入深度的要求，插入到位后应及时紧固。

（9）聚乙烯塑料管锁紧连接要求：①管端断面应与管轴线基本垂直。②应将锁母、卡箍、O 型胶圈依次套在管上，并将管端插入管件内，锁紧锁母。

（10）阀门、管件安装要求：①干管、支管上安装螺纹接口阀门时，宜加装活接头。②连接处不得有污物、油迹和毛刺。

（11）塑料管上直径大于 65 mm 的阀门应安装在底座上。有水流方向标识的阀门应按标识方向安装。电磁阀线圈引出线（插接件）应采用防水绝缘胶布或专用接头连接，并通电检查。

（12）旁通连接要求：①安装前应检查旁通外观，清除飞边、毛刺。②应按设计要求在支管上标定出孔位，选用专用打孔器打孔。③应按生产厂家要求将旁通插入孔内，并安装牢固。

（13）毛管与灌水器安装要求：①毛管管端应齐平，不得有裂纹，与旁通连接前应清除杂物。②在毛管上打孔，应选用与灌水器插口端外径相匹配的打孔器。③微喷头安装应使其轴线基本垂直于水平面，倒挂安装时，微喷头应加装配重确保其垂直于地面。④滴灌管（带）铺设在地表或地下时，出水口应朝上。

5. 自动控制与信息采集设备安装应符合下列要求。

（1）自动控制与信息采集设备安装应符合产品说明书和国家现行有关标准的规定。

（2）控制设备安装应按现行国家标准《自动化仪表工程施工及质量验收规范》（GB 50093）的规定执行。

（3）计算机及外部设备安装应按现行国家标准《计算机场地通用规范》（GB/T 2887）的规定执行。

（4）计算机软件安装应复核硬件配置和软件环境等。

6. 管道水压试验应符合下列要求。

（1）管槽最终回填前，对管道进行水压试验。

（2）管道水压试验前，配套的构筑物（如设备基础、镇墩等）应已达要求强度，仪表、设备和首部枢纽应处于完好状态，管道铺设应符合设计要求。

（3）试验水压应为管道设计压力的 1.5 倍，并保持 10 min。

（4）当管道压力下降不大于 0.05 MPa 或渗漏水量小于允许最大渗漏水量，即为合格。

7. 系统试运行应符合下列要求。

（1）工程完工后，对系统进行冲洗和试运行。

（2）管道冲洗应按由上至下逐级顺序进行，各级管道应按轮灌组冲洗。

（3）管道冲洗步骤：①干管冲洗，应先打开待冲洗干管末端的冲洗阀门，关闭其他阀门，然后启动水泵，缓慢开启干管控制阀，直到干管末端出水清洁。②支毛管冲洗，应先打开若干条支管进口和末端阀门以及毛管末端堵头，关闭干管末端的冲洗阀门，直到支管末端出水清洁；再关闭支管末端阀门冲洗毛管，直到毛管末端出水清洁。

（4）微灌系统试运行应按轮灌组进行。

（5）试运行时，应检查水源工程、首部枢纽、电气设备、控制阀门、施肥（药）装置、管网系统等是否运行可靠。

（6）试运行时，应测量支管入口压力和灌水小区流量，并根据实测的压力、流量对微灌系统进行调试。

（7）试运行时，应对传感器进行基准或系数值的测试校核。

（8）试运行时，应对系统信号采集周期和控制信号响应时间进行测试校核。

（9）试运行时，应对自动控制和信息采集系统软硬件功能进行测试，软硬件应运行稳定可靠。

滴　灌

滴灌土壤水分测试仪

第五节　排水工程

排水工程指将农田中过多的地表水、土壤水和地下水排除，改善土壤中水、肥、气、热关系，以利于作物生长的工程措施。包括明沟、暗管、排水井、排水闸、排涝泵站、排涝闸站等。

在无塌坡或塌坡易于处理地区或地段，宜采用明沟排水；采用明沟降低地下水位不易达到设计控制深度，或明沟断面结构不稳定塌坡不易处理时，宜采用暗管排水；采用明沟或暗管降低地下水位不易达到设计控制深度，且含水层的水质和出水条件较好的地区可采用井排。

排水沟可采取生态型结构，减少对生态环境的影响。

排水工程的设计、施工应按照有关技术标准执行。

一、施工工序

排水沟的衬砌形式主要有预制水泥砖砌、混凝土现浇、块石砌筑（包括浆砌和干砌）等。

1. 浆砌块石排水沟施工工序。 测量放线（用石灰撒出开挖线）→沟槽开挖→基础、边坡修整→安装伸缩缝板→砂浆拌制→基础、坡面块石砌筑→混凝土底板浇筑→勾缝→抹面→养护→土方回填。

2. 干砌块石排水沟施工工序。 测量放线（用石灰撒出开挖线）→沟槽开挖→基础、边坡修整→安装伸缩缝板→基础、坡面块石砌筑→混凝土底板浇筑（留排水孔）→混凝土压顶→砼养护→土方回填。

3. 生态排水工程施工工序。 测量放线（用石灰撒出开挖线）→沟槽开挖→基础、边坡修整→浇筑基础混凝土墙→安装预制板（块）→顶面细石混凝土压顶→孔洞土方回填→植草。

（1）测量放线：根据设计施工图纸，对排水沟位置、尺寸、高程进行测量定位放线，并做好标识点的保护，防止破坏。

（2）沟槽开挖：根据排水沟尺寸定出的外边线开挖沟槽，沟底高程符合设计要求。

（3）修整边坡：人工修整基础和边坡，可根据两端定位点中间加密，采用每隔5～8 m立一道坡度尺（曲面时可加密）进行边坡修整，基础可根据设计高程每10 m打桩布点挂线进行修整。

（4）砌预制多孔板或六棱块：每隔5～8 m设置好样架，底、顶、腰分别拉线控制顶面高程、基础平整度、坡面平整度。先砌边坡板再铺底板，边坡顶面用细石混凝土压顶压实，拉线确保顶面顺直。

（5）土方回填：用土或生态基质填充预制块孔洞。

（6）木桩护岸：木桩护岸是一种生态型护岸，尤以采用圆木桩居多。木桩距离宜为30～50 cm之间，木桩长度1～2 m为宜，木桩打入土中 2/3 处，地表上预留 15～30 cm，在木桩间应用竹片、PE 网、铁丝网等加固缠绕，防止冲刷，稳定坡面。

二、建设要求

1. 农田排水标准应根据农业生产实际、当地或邻近类似地区排水试验资料和实践经验、农业基础条件等综合论证确定。

2. 排水工程设计标准应符合下列规定。

（1）排水标准应满足农田积水不超过作物最大耐淹水深和耐淹时间，由设计暴雨重现期、设计暴雨历时和排除时间确定。旱作区农田排水设计暴雨重现期宜采用 5～10 年一遇，1～3 天暴雨从作物受淹起 1～3 天排至田面无积水；水稻区农田排水设计暴雨重现期宜采用 10 年一遇，1～3 天暴雨 3～5 天排至作物耐淹水深。

（2）治渍排水工程控制标准应根据农作物全生育期要求的最大降渍深度确定，可视作物根深不同而选用 0.8～1.3 m。农田降渍标准：旱作区在作物对渍害敏感期间可采用 3～4 天内将地下水埋深降至田面以下 0.4～0.6 m；稻作区在晒田期 3～5 天内降至田面以下 0.4～0.6 m。

（3）防治土壤次生盐渍（碱）化或改良盐渍（碱）土的地区，排水标准应按《灌溉与排水工程设计标准》（GB 50288）规定执行。地下水位控制深度应根据地下水矿化度、土壤质地及剖面构型、灌溉制度、自然降水及气候情况、农作物种植制度等综合确定。

3. 田间排水应按照排涝、降渍、改良盐碱地或防治土壤盐碱化任务要求，根据涝、渍、碱的成因，结合地形、降水、土壤、水文地质条件，兼顾生物多样性保护，因地制宜选择水平或垂直排水、自流、抽排或相结合的方式，采取明沟、暗管、排水井等工程措施。

4. 排水沟要满足农田防洪、排涝、防渍和防治土壤盐渍化的要求。排水沟要重点考虑排水系统布局和工程标准，确定排水沟深度和间距，分析计算各级排水沟道和建筑物的流量、水位、断面尺寸，来最终确定排水沟的断面尺寸、纵向坡降、横向边坡系数等要素。排水沟的布置应与其他田间工程（灌渠、道路、林网）相协调。在平原、平坝地区排水沟宜与灌溉渠分离，在丘陵山区，排水沟可选用灌排兼用或灌排分离的形式，一般不硬化，提倡生态土沟，断面较大防洪沟可采用新材料、新技术进行护坡，以防淤塞。排水沟位于山地丘陵区及土质松软地区时，应根据土质、受力和地下水作用等进行基础处理。

5. 干砌石是现行排水沟常采用的一种方式，不用胶结材料、依靠石块自身的重量及接触面间的摩擦力保持稳定的石料砌体，具有较好的生态性。所选用的干砌石石块直径不小于 20 cm，干砌前先清除石料表面的泥垢、敲去尖角薄棱。为了保证干砌石建筑物的外形完整，一般把外露的顶部用厚 5～10 cm 的混凝土封顶。有的建筑物外露面的石块间隙，用水泥砂浆勾缝，勾缝深度3～5 cm，勾缝前应将石缝清洗干净，较大缝隙可填塞片石。

6. 生态型排水沟在满足正常排水功能的同时，更加注重生态效应的发挥、生态系统的平衡和生物多样性的保护，是以生态工程方式连接生物栖息地、农田、缓冲带形成的可以满足动物活动和迁徙需要的通道，包括水生动物通道、小型兽类通道、两爬类通道等，是一种更加环保、功能多样的排水沟。

生态排水沟

生态型排水沟设计应符合下列要求。

（1）保证排水沟的基本排水功能，及时排除农田余水、地下水、地表径流，保证不冲不淤、工程结构安全。

（2）尽量减少工程建设对原有自然生态环境造成破坏的人工材料的使用，以自然、原生、生态化为设计原则，保障田间生物的自由通行不受阻碍，减少排水沟护坡的硬质化。

（3）排水沟具备一定的透水性，能发挥正常的降渍功能。

（4）排水沟内适当设置田间生物本息避难场所及多孔质空间，保护田间生物，增加水路两侧绿化。

生态排水工程可采用生态砖、生态袋、生态格网、木桩、生态格栅等绿色生态化护砌方式，营造表面多孔，适合生物栖息的渠道环境。生态砖根据结构及形状可采用宝字盖、双孔连锁、六边形、燕尾槽、菱形和井字形等类型。嵌固类型主要有连锁式砌块，铰接式砌块等方式。宜采用梯形断面，边坡比宜为（1∶0.5）～（1∶1.5），生态砖厚度宜 6～10 cm，带孔孔径宜为 50～100 mm，糙率控制在 0.022 0～0.023 5。生态格网包括格宾、雷诺等结构形式，间隔网与网身交接处宜每间隔25 cm绑扎一道，相邻网箱组的网片结合面则每平方米绑扎 2 处，石料宜采用多次均匀填充，石料粒径不小于 5 cm。生态格栅一般采用长20 cm×宽 20 cm 的网格，深度 6～10 cm，材料厚度 3～5 mm。

生态排水沟可选择的材料包括以下几种。

（1）卵石、块石等天然生态型材料。

（2）生态混凝土（大骨料无砂混凝土）。

（3）混凝土预制多孔板、块。

（4）三维土工网（似丝瓜网络样的网垫，质地疏松、柔韧，留有90%的空间可充填土壤、沙砾和细石，植物根系可以穿过其间，舒适、整齐、均衡地生长，长成后的草皮使网垫、草皮、泥土表面牢固地结合在一起，由于植物根系可深入地表以下 30～40 cm，形成了一层坚固的绿色复合保护层）。

（5）生态格栅（由复合材料、PVC 或玻璃钢制成，格栅内填充土壤或生态基质，以利于净化植物生长）。

（6）土壤固化剂等（由多种无机、有机材料合成的用以固化各类土壤的新型节能环保工程材料）。

排水闸

排涝泵站

排涝闸站

第四章　田间道路

田间道路工程指为农田耕作、农业物资与农产品运输等农业生产活动所修建的交通设施，兼有村间交通的功能。田间道路包括机耕路、生产路和道路附属设施，机耕路包括机耕干道和机耕支道。

第一节　机 耕 路

机耕路，也称为田间道，通常指连接田块与村庄、田块之间，供农田耕作、农用物资和农产品运输通行的道路。

一、施工工序

1. 机耕道路基施工工序。测量放样（用全站仪或 RTK 采用坐标法放出中心桩、边侧用地边桩，包括路口和路顶端位置桩）打桩放线→清理表层土→路床填筑（摊铺，平整）→压路机碾压（分层碾压，先从两边向道路中线碾压，再进行整体碾压，压路机不能碾压的部分用人工夯实，压实后高于田面40 cm）→路肩开挖清理→路肩衬砌→桥涵配套（有涵洞或涵管的地方）→铺筑泥结石或砂石→平整成龟背形，碾压密实→交工验收。

（1）表土开挖：必须按开挖线清理表层耕作土，厚最少 20 cm，堆放在道路两侧至少 2 m 远，清除基底杂草、有机物、树根、淤泥等。

（2）原土夯实：采用轮胎式振动碾压路机 12 t 对开挖后地基原土进行碾压，碾压 4～6 遍，以达到密实度。对于构筑物边角不易碾压或靠近构筑物1 m 范围内不宜采用压路机压实的，辅以小型打夯机夯实。

（3）路床填筑：用田土或外运土方填路基，土质要求达标，挖机或推土机摊铺、平整；采用振动碾压路机进退错距法碾压密实，碾压轨迹搭压宽度不小于平行路轴方向 0.5 m，顺道路轴线方向行驶，要分层碾压，每次摊铺厚度30 cm 左右。完成摊铺碾压后，对路床进行整形，最终成型机耕路面高于两侧田面 40 cm，路面成龟背形。

（4）路肩修筑：复核中心桩及路边桩，并沿长度方向每隔 20 m 打桩布点挂线，沿线开挖路肩土方，清理干净后设置样桩，挂线砌路肩砌体。路肩埋深要符合设计要求，一般不小于 20 cm。

（5）路面摊铺：清理、平整素土路基，铺筑泥结石路面，要求泥结石配合比良好，搅拌均匀，铺设平整，碾压密实达标。

田间道路

2. 机耕道路面施工工序。摊铺碎石→碾压石料。

（1）摊铺碎石：在已压实的路基上摊铺碎石（初始厚度为压实后的1.2 倍），要求碎石粒径均匀，摊铺厚度一致。机耕道路面一般采用泥结石路面（以碎石作为骨料，黏土作为填充料和黏结料，经压实修筑成的一种路面结构），泥结石面层一般为 10～12 cm，碎石（或卵石）粒径为 2～4 cm，等级不低于 3 级，黏土塑性指数 12～20，含土量不超过15％（按重量计）。

（2）碾压石料：碎石铺好后，用 6～8 t 压路机碾压 3～4 遍，直至石料无松动。具体施工方法主要有两种。

一是灌浆法：碎石铺好后浇灌黏土泥浆，黏土泥浆水土比 1∶1，将泥浆倒入石层，由路中心向路两边进行，浆要浇匀，只用于上部填充，下部不一定要灌满，表面的泥浆要用竹扫帚扫匀，以露出碎石为止。1～2 h 后，表面未干之前，铺洒粒径 1～15 mm 的嵌缝石屑，然后用 12 t 压路机碾压 1～2 遍后洒水再碾压 4～6 遍。完成后确保路面平整，形成 3%左右横坡以利排水。

二是拌和法：碎石摊铺后，将规定的用土量均匀摊铺在碎石层上，然后拌和，拌和一遍后，随拌随洒水，一般翻拌 3～4 遍，以黏土成浆与碎石黏结在一起为止，然后用平地机械或铁锹等将路面整平，再用 6～8 t压路机洒水碾压，使泥浆上冒，表层石缝中有一层泥浆即停止碾压。过几个小时后，再用 10～12 t 压路机进行收浆碾压 1 遍后加撒嵌缝石屑，再碾压 2 遍。

泥结石路面

二、建设要求

1. 田间道路规划设计、布置与改造应适应农业现代化的需要，力求与田、水、林、电、路、村规划相衔接，与村村通、村组通公路建设规划相衔接，使居民点、生产经营中心、各轮作区和田块之间保持便捷的交通联系，且力求线路笔直、往返路程最短，要统筹兼顾，合理确定田间道路的密度、宽度等，提高土地集约化利用率。

2. 田间道路应布局合理，交叉垂直，相交处应设置转弯半径，路面平直无波浪起伏，路肩衬砌顺直，路基填筑饱满，中间略高，两边略低，呈龟背状，确保路面不积水。

3. 机耕路、生产路、下田坡道应满足结构强度、稳定性和平整度的要求，田间道路设计应符合《高标准农田建设 通则》(GB/T 30600)、《高标准农田建设标准》(NY/T 2148)、《农业机械田间行走道路技术规范》(NY/T 2194) 的规定。

4. 田间道路通达度指在高标准农田建设区域，田间道路直接通达的耕作田块数占耕作田块总数的比例，平原区应达到100%，丘陵、山区不应低于90%。

5. 田间道路工程应减少占地面积，宜与沟渠、林带结合布置，提高土地节约集约利用率。应考虑宜机作业，设置必要的下田设施、桥涵、错车点和末端掉头点等附属设施，实现道路和田块之间、田块与田块之间衔接顺畅互联互通，且田间道路及附属设施承载能力应满足大中型农业机械通行要求。

6. 机耕干道应满足农业机械双向通行要求。路面宽度在平原区为3～6 m，大中型农业机械作业区路面宽度应根据当地农业机械外形尺寸确定，道路两侧可设置路肩。机耕干道宜设在条田的短边，与支、斗沟渠协调一致。

7. 机耕支道应满足农业机耕单向通行要求。机耕支道宜设在条田的长边，与斗、农沟渠协调一致，并设置必要的错车点和末端调头点。

8. 田间道与田面之间高差大于 0.5 m 或存在宽度（深度）大于0.5 m的沟渠，宜结合实际合理设置下田坡道或下田涵管，坡道宽度宜为农机机宽的1～1.2 倍，坡道坡度宜不大于 20%。

9. 田间道（机耕路）路面应满足强度、稳定性和平整度的要求，不得用耕作层土壤修筑机耕道和生产道，须采用外运客土或平整田块余土填筑路基。宜采用泥结石、碎石、矿渣等材质和车辙路（轨迹路）、砌石（块）间隔铺装等生态化结构。根据路面类型和荷载要求，推广应用生物凝结技术、透水路面等生态化设计。对于通村主道或在暴雨冲刷严重的区域，可适当采用混凝土硬化路面。道路两侧可视情况设置路肩，路肩宽宜为 50 cm 左右。

10. 机耕路和斗沟（渠）两侧宜栽植护路护沟（渠）林；单侧栽植时宜栽植在沟、渠、路的南侧或西侧。在沟（渠）堤兼作道路或一侧为道路时，护沟（渠）林与护路林应统一规划营造，注意美观、优选乡土品种。生产路与农渠结合的可不植树。护路护渠林的植树行数应视渠、路岸宽而定，一般种植 1～2 行。

第二节　生 产 路

生产路是项目区内连接田块与机耕路、田块之间，供小型农机行走和人员通行的道路。

生产路路面材质应根据农业生产要求和自然经济条件确定，宜采用素土、砂石等。在暴雨集中地区，可采用石板、混凝土等。通常情况下，生产路路宽不超过 3 m。

混凝土路面

第三节　道路附属设施

附属设施是考虑农田机械化作业需求，田间道路设置必要的下田设施、错车点和末端掉头点。相关设计参考有关标准规定。

下田坡道

第五章　农田防护与生态环境保护

农田防护与生态环境保护工程指为保障农田生产安全、保持和改善农田生态条件、防止自然灾害等所采取的各种措施。包括农田防护林工程、岸坡防护工程、坡面防护工程和沟道治理工程等。

农田防洪标准按重现期10～20年一遇确定。

农田防护面积比例指通过各类农田防护与生态环境保护工程建设，各区域受防护的农田面积占建设区农田面积的比例：东北区（辽宁、吉林、黑龙江及内蒙古赤峰、通辽、兴安、呼伦贝尔）不应低于85%；长江中下游区（上海、江苏、安徽、江西、湖北、湖南）、东南区（浙江、福建、广东、海南）不应低于80%；黄淮海区（北京、天津、河北、山东、河南）、西南区（广西、重庆、四川、贵州、云南）、西北区（山西、陕西、甘肃、宁夏、新疆含生产建设兵团及内蒙古呼和浩特、锡林郭勒、包头、乌海、鄂尔多斯、巴彦淖尔、乌兰察布、阿拉善）和青藏区（西藏、青海）不应低于90%。

第一节　农田防护林工程

一、施工工序

整地挖穴→树种选择→苗木的选择→密度确定→科学栽植。

1. 整地挖穴。整地方式采用穴状整地。春节前大穴整地，穴的规格一般为长、宽、深各80 cm，苗小可适当缩小规格，表土和心土分别堆放。由于所挖树穴标准高，土壤结构和肥力状况得到改善，春节后造林，苗木易于成活，而且根系和材积生长十分明显。

2. 树种选择。主要以乡土树种中的速生、抗性强的乔木树种为最好。

3. 苗木的选择。一是苗木健壮，树干挺直，要求有明显的顶端优势；二是苗龄要求二年根一年干的平茬苗，苗高 2～4 m，胸径 5 cm 以上，有发达的根系；三是无病虫害。禁止使用未经检疫的或有检疫风险的苗木。

4. 密度确定。栽植密度应比用材林的密度适当大些，以适应窄林带的造林特点。林带行株距，乔木应采用 1.5 m×2 m 或 2 m×3 m，三角形配置。

5. 科学栽植。防护林的栽植方法主要是植苗，提倡大穴、大苗，随起随栽，并要扶正深栽，栽植深度一般为 60～80 cm。都要按“根舒、栽直、压实和深浅适度”技术要求栽植，穴的大小以苗木根系在穴内舒展为宜，做到不窝根、不上翘、不外露、苗茎起立，先回填表土，再回填心土。当填土 2/3 左右时，将苗木轻轻略向上提，并踏实，浇透水，最后将穴填满修成小丘或盘状，以利于蓄水保墒。在同一林带上，应尽量做到“四个一样”，即树种一样、规格一样、高矮一样、粗细一样。这样不仅使带相整齐美观，而且有利于林木的均衡生长发育，有利于林带防护作用的充分发挥。

二、建设要求

农田防护林工程是指用于农田防风、改善农田气候条件、防止水土流失、促进作物生长和提供休憩庇荫场所的农田植树工程，包括农田防风林、梯田埂坎防护林和护路护沟护坡护岸林。在东北、黄淮海、西北和青藏等有大风、扬沙、沙尘暴、干热风等危害的地区，应建设农田防护林工程，对于长江中下游、东南和西南等森林覆盖率高、风沙危害小的地区可因地制宜设置农田防护林。农田防护林建设要求：

1. 农田防护林布设应与田块、沟渠、道路有机衔接，并尽量做到与防护林、生态林、环村林等相结合，减少耕地占用面积。

2. 农田防护林的主要配置模式（包括林带结构、走向、间距、宽度）、造林树种、造林密度及树种配置，应按国家林草主管部门推荐的农田防护林最新国家标准规定执行。建设农田防护林工程应选择适宜的造林树种、造林密度及树种配置。窄林带宜采用纯林配置，宽林带宜采用多树种行间混交配置。

（1）林网密度。林网是由多条林带纵横交错组成的农田防护林。对于风沙区农田防护林密度一般占耕地面积5%～8%，干热风等危害地区3%～6%，其他地区为3%，防护林网格面积应不小于20公顷。

（2）林带方向。林带是在农田周围和堤、河流、渠道、道路两侧等，以带状形式营造的具有防护作用的树行的总称。应由主林带和副林带组成，必要时设置辅助林。无风害地区不宜设农田防风林。主防护林带应垂直于当地主风向，或与主害风向垂直线呈不大于30°～45°的偏角，应沿田块长边布设；副林带垂直于主防护林带，沿田块短边布设，若因地形地物条件限制，则主、副林带可以有一定偏角；林带应结合农田沟渠、路有机衔接，沟（渠）、路应在林带的阴面。

（3）林带间距。一般主林带间距约为防护林高度的20～25倍，主林带宽3～6 m，西北地区主林带宽度按4～8 m设置，栽3～5行乔木，1～2行灌木；副林带间距宜为40～50倍树高，副林带宽2～3 m，栽1～2行乔木，1行灌木。林带的株行距应满足所选树种生物学特性及防风要求。窄林带宜采用纯林配置，宽林带宜采用多树种行间混交配置。

农田防护林网

3. 农田防护林造林树种宜选择本地树种，不易风倒、风折，且应有较强抗寒、抗病虫害、耐水湿能力。造林成活率应达到90%以上，三年后林木保存率应达到85%以上，林相整齐、结构合理。

护路护沟林

第二节　岸坡防护工程

岸坡防护工程是指为稳定农田周边岸坡和土堤的安全、保护坡面免受冲刷而采取的工程措施。包括护地堤和生态护岸。

一、施工工序

1. 土堤护岸施工工序。测量放线→基础开挖→堤防填筑→防渗处理→排水处理→护岸护坡。

（1）测量放线：根据给定的国家永久坐标、水准点，在筑堤位置设置测量控制基线、轴线和水平基准点，用石灰放出基础开挖线。

（2）基础开挖：先铲除杂草、树木，再采用挖掘机一次性分层开挖，确保挖掘深度达到设计要求，最后对地基进行碾压处理，夯实基础部位，以免出现裂缝、渗水、塌陷等。

（3）堤防填筑：此工序是堤防质量良好的基础，土料储量、质量是关键。堤防填筑基本施工程序包括：测量放样→生产性试验→铺土

→平土→压实→检查验收。需先通过试验确定土料摊铺方式、摊铺厚度、碾压机械类型和重量、碾压遍数、压实土的干容重和渗透系数等参数。

采用分层施工法，统一铺土，统一碾压，每层的分段连接缝要错开，但距离不要大于 3 m，接缝做成斜坡形，坡度大于 1∶2.5。

在地面不平整的情况下，要从低处向高处进行填筑，严禁顺坡填筑。

铺好的土料表面要进行洒水处理，晒干后达到最优含水率再进行压实。

在软土地基上填筑或采用含水量较高土料时，要在地基、坡面等位置设置沉降和位移监测点，以便实时监测地基、坡面的沉降、位移情况，及时采取防治措施，确保填筑工程安全。

土料运至地面后，先用推土机进行初步整平，再进行人工拉线摊铺。摊铺厚度及含水量要与生产性实验确定的有关参数相符合。

堤防填筑完成后，要进行压实、削坡处理，填筑断面宽度应比设计断面宽度大 30 cm，多出的部分通过削坡处理掉。

（4）防渗处理：为满足堤防工程安全，需对堤身进行垂直防渗处理，可采用截渗墙和灌浆防渗体，具体施工中材料可选用水泥、混凝土、水泥砂浆等，施工可采用机械开挖、铺设、灌浆等方式，保证防渗性能达到防渗要求。

（5）排水处理：为增强堤身的稳定性，防止渗流逸出处的渗透变形、土体冻胀变形、孔隙水压力等影响，需进行排水处理，排水形式有堆石棱体排水、贴坡排水、褥垫排水、组合式排水等。

（6）护岸护坡：堤防是一种有效的防洪、防汛手段，能够防御洪水泛滥成灾，保护生命财产安全及社会经济利益。

2. 浆砌石护岸施工工序。 护砌保护层土方开挖→铺筑砂石垫层→浆砌石护岸施工→岸墙土方回填→水泥砂浆勾缝→砌石养护。

（1）护砌保护层土方开挖：采用人工或机械开挖至建基面，地基承载力需达标，余土抛至施工场地外，施工中注意护砌基面渗水处理，以防护砌基底层土壤的扰动。

（2）铺筑砂石垫层：清理基面积水，铺筑砂、石垫层。砂采用中粗砂，石子为 1～3 cm，且无杂质。

（3）浆砌石护岸施工：砂、石垫层铺筑完成后进行浆砌石砌筑，采用拉线立标铺浆砌筑法。砌筑时先铺浆后砌石，随铺随砌。砌石大面向下，错缝砌筑，灰缝厚度 2～3 cm，块石间灰浆饱满，空隙较大时，先填砂浆砌后用小块石嵌实。砌筑至设计高程后，用细石混凝土压顶找平。

（4）岸墙土方回填：砌筑完成后，对岸墙后进行土方回填，需分层填筑，各层碾压密实，不得扰动砌体。

（5）水泥砂浆勾缝：勾缝砂浆单独拌制，不与砌筑砂浆混用，勾缝前将槽缝冲洗干净，不残留灰渣和积水，并保持缝面湿润；勾缝砂浆宜采用细砂和较小的水灰比，灰砂比控制在（1∶1）～（1∶2），并采用平缝。

（6）砌石养护：砌体外露面在砌筑后 8～12 h 内开始养护，经常保持外露面湿润，养护时间一般为 14 天，可采取土工布保湿。浆砌石砌体要达到“面平、浆满、石稳、缝错”的要求，坚决杜绝先铺石后灌浆的砌筑法。

3. 混凝土护岸施工工序。基坑开挖→保护层土方开挖→砼垫层→立模板→绑扎钢筋→砼浇筑→模板拆除→养护→土方回填。

（1）基坑开挖：采用挖掘机械按设计要求开挖至保护层高程，将挖掘出的土方放至指定位置，以利后期回填。

（2）保护层土方开挖：用人工开挖保护层土方至设计高程，确保不扰动基底土层。

（3）砼垫层：按设计强度等级、断面尺寸浇筑砼垫层至设计高程。

（4）立底板模板：按设计要求立底板模板，并详细检查模板的标高、位置、强度及牢固程度，有预埋件的要确定预埋件位置、数量。

（5）钢筋绑扎与架设：根据施工配筋图的尺寸进行放样，架设前将钢筋表面的铁锈、油渍等清除干净，钢筋绑扎与焊接按规范规定以及施工图的要求执行，钢筋保护层采用与混凝土同强度等级垫块，垫块厚度与保护层厚度相同。

（6）砼浇筑：按混凝土配合比拌制混凝土，确保混凝土强度等级、坍落度、和易性等满足规定；浇筑前先铺 5 cm 厚水泥砂浆，混凝土浇筑采用水平分层浇筑法，每层厚度控制在 30 cm 内，采用插入式振捣器振捣，两相邻块浇筑间歇时间大于 72 h，混凝土浇筑保持连续性，同一部位浇筑间隔时间符合规范要求，若超过允许间歇时间按施工缝处理，严禁浇筑时在仓内加水。

（7）模板拆除：混凝土浇筑达到一定强度后方可拆模，使用的模板拆除后应及时清理表面残留物，进行清洗。

（8）养护：砌体外露面在砌筑后 8～12 h 内开始养护，经常保持外露面湿润，养殖护时间一般为 14 天，可采取土工布保湿。

（9）土方回填：砌筑完成后进行土方回填，需分层填筑，各层碾压密实，不得扰动砌体。

4. 石笼网护岸施工工序。表土开挖→护脚基础开挖→护脚石笼→坡面坑开挖→铺土工布及垫层→石笼网层铺设→种植土回填。

（1）表土开挖：清除原岸坡表土及杂物。

（2）护脚基础开挖：开挖护脚土方至坚实土层或基岩，清理基坑至坡底坑平整。

（3）石笼护脚施工：按设计图规格尺寸铺设护脚石笼，确保石笼护脚稳定牢固。

（4）坡面坑开挖：开挖底面沿岸坡方向的坡面坑，夯实坡面坑的底面，坡面平顺。

（5）铺设土工布及垫层：铺设土工布，再铺设砂砾石垫层。

（6）石笼网层铺设：从坡底到坡顶一顺铺设石笼网，网箱组砌体平面位置必须符合设计要求，网箱层与层之间砌体应纵横交错、上下联结、严禁出现通缝。

（7）种植土回填：在护坡段结构施工完成后，回填种植土以覆盖进行前述石笼护脚施工步骤和护坡段结构施工步骤后的坡面。

二、建设要求

1. 岸坡防护可采用土堤、干砌石、浆砌石、石笼、混凝土、生态护岸等方式。当河水流速小于 2 m/s 时，可采用土堤防护；当河水流速为 2～3 m/s 时，可采用干砌石护坡；当河水流速大于 4 m/s 时，应采用浆砌石或混凝土护坡。

纵坡较小、水流流速小于 5 m/s 的平原河网区护岸宜采用坡式护岸工程。丘陵山地区和丘岗冲垅区纵坡较大、水流流速较大、河床较宽的河岸护岸宜采用坝式护岸工程；纵坡较大、水流流速较大、河谷狭窄、岸坡较陡的河岸护岸宜采用墙式护岸工程。

2. 根据河道功能与坡位因地制宜选择防护材料，确保材料的安全性及耐久性。在保证抗冲刷和稳定性的前提下，岸坡防护宜采用具有透水、透气、柔性和多孔性特征的生态型岸坡防护材料。

可选择植物、土工织物（生态袋、土工格栅、三维植被网等）、松木桩、自然石、块石、卵石、生态混凝土砌块、生态砌块、石笼（格宾）或多种材料组合。

3. 岸坡防护工程应按《水土保持工程设计规范》（GB 51018）规定执行。

（1）堤顶高度：堤顶高度为设计洪水位、风浪爬高与安全超高之和。其中，土堤的安全超高一般取 0.5 m，浆砌石堤与混凝土堤的安全超高取 0.3 m。

（2）堤顶宽度：堤顶宽度应根据防汛、管理、施工、结构等因素确定。土堤的堤顶宽度一般不小于 2～3 m，防洪墙顶宽一般不小于 0.6～1.0 m。

（3）结构形式：均质土堤应采用梯形断面，迎水面坡比应为（1∶2)～(1∶3)，背水面坡比应为（1∶1.5)～(1∶2.5)，堤身压实度不应小于 0.90。砌石及混凝土防洪墙应根据地形、地质通过稳定计算确定，宜采用重力式、半重力式、衡重式。

（4）堤基础：堤基应探明地质并对不良地质进行处理。基础埋深应满足河道防冲要求。

防洪堤

生态护岸

第三节　坡面防护工程

坡面防护工程是指为防治坡面水土流失，保护、改良和合理利用坡面水土资源而采取的工程措施。包括护坡、截水沟、排洪沟、小型蓄水工程。

在基础设施的施工过程中，原地貌植被的破坏不可避免，弃土、弃石、开挖等会造成大量的裸露边坡。这些边坡有的是岩质边坡，有的是土质边坡，或陡或平，此类边坡的自我修复、恢复能力较漫长，需通过借助工程措施加快其恢复过程，达到涵养水源、减少水土流失，有效地净化空气、保护生态、美化环境目的。

坡面防护应合理布置护坡、截水沟、排洪沟、小型蓄水等工程，系统拦蓄和排泄坡面径流，集蓄雨水资源，形成配套完善的坡面和沟道防护与雨水集蓄利用体系。坡面截排水工程应按《水土保持工程设计规范》（GB 51018）规定执行。

一、护坡

坡面防护常用的措施有植物防护、封闭防护、砌石防护等，封闭防护包括矿质材料（水泥砂浆、石灰三合土、水泥混凝土等），或采用其他材料，主要包括灌浆、勾缝、抹面、捶面、喷浆及喷射混凝土、防护面墙等。其中灌浆、勾缝、抹面、喷浆及喷射砼等防护多用于不同风化程度的岩质边坡，砌石防护包括干砌石、浆砌片石护墙。此类措施主要用以防护开挖边坡坡面的岩石风化剥落、碎落以及少量落石掉块等现象。所防护的边坡，应有足够的稳定性，对于不稳定的边坡则先支挡再防护。支挡结构的类型较多，如挡土墙、锚杆挡墙、抗滑桩等。这些支挡结构既有防护作用，又有加固坡体的作用。

（一）植物防护

一般采用铺草、种草和植灌木（树木）形式，应根据当地气候、土质、含水量等因素，选用易于成活、便于养护和经济的植物类种。植被护坡技术必须是植物措施与工程措施相结合，发挥二者各自的优势，才能有效地解决边坡工程防护与生态环境破坏的矛盾，既保证了边坡的稳定，又可实现坡面植被的快速恢复，达到人类活动与自然环境的和谐共处。

1. 铺草皮防护。适用于各种土质边坡。宜选用带状或块状草皮，规格大小视施工情况确定，草皮厚度宜为10 cm。铺设时，应由坡脚向上铺钉，用尖木（或竹）桩固于土质边坡上。可根据具体情况选用平铺、叠铺或方格式铺等形式。当坡面设有污工骨架在其内铺草皮时，骨架应嵌入坡面，表面应与草皮衔接。

2. 种草防护。适用于边坡稳定、坡面冲刷轻微的路堤与路堑边坡。草籽应均匀撒布在已清理好的土质坡面上，同时做好保护措施。对不利于草类生长的土质，应在坡面先铺一层10～15 cm的种植土。

3. 灌木（树木）防护。适用于土边坡。栽植方法按设计要求施工，但应注意栽植季节。高速公路、一级公路的边坡上，严禁种植乔木。

（二）工程防护

适用于不宜于草木生长的陡坡面。一般采用抹面、捶面、喷浆、勾（灌）缝、坡面护墙等形式。在施工前，应将坡面杂质、浮土、松动石块及表层风化及破碎岩体清除干净；当有潜水露出时，应作引水或截流处理。

1. 抹面。适用于易风化、但不易脱落、岩面较完整的边坡。常用材料为三合土，成分有水泥、石灰、炉碴；水泥、砂、炉碴；砂、石灰等。抹面的边坡应比较干燥、稳定。如局部有地下水出露必须采取引排水措施予以配合。

2. 捶面。适用于易受雨水冲刷的土质边坡和易风化的岩石边坡防护。捶面多合土配合比应经试捶确定，保证经拍（捶）打使之能稳固地贴紧于坡面，且厚度均匀，表面光滑。在较大面积上拍（捶）面时，应设置伸缩缝，其间距不宜超过10 m，厚度偏差±10%～20%。

3. 喷浆。把骨料、水泥和附加剂按配合比干拌装入喷射机，接水管通过喷射机喷至坡面，确保喷射厚度均匀。

4. 坡面护墙。分干砌体和浆砌体。砌体铺砌前，应将坡面基础平整夯实，表面浮渣清理干净，修整平顺；砌石应垫稳填实，与周边砌石靠紧，严禁架空，以一层与一层错缝锁结方式铺砌。护坡表面砌缝宽度应大于25 mm，砌石边缘应顺直、整齐牢固，严禁出现通缝、叠砌和浮塞，砌体外露面的坡顶和侧边，应选用较整齐石块砌筑平整。应由低向高逐步铺砌，要嵌紧、整平，铺砌厚度应达到设计要求。

护　坡

二、截水沟和排洪沟

截水排洪沟包括截水沟和排洪沟。截水沟是指为了预防洪水灾害，在坡面上修筑的拦截、疏导坡面径流的沟渠工程，常用于排除渣场等项目区上游沟道或周边坡面形成的外来洪水；排洪沟是指用于项目区内部排除坡面、天然沟道、地面径流的沟渠。

按其断面形式一般可采用矩形梯形、U 形和复式断面。梯形断面适用广泛，其优点是施工简单，边坡稳定，便于应用混、凝土薄板衬砌。矩形断面适用于坚固岩石中开凿的石渠、傍山或塬边渠道以及宽度受限的渠道等。U 形断面适用于混凝土衬砌的中小排洪沟，其优点是具有水力条件较好、占地少，但施工比较复杂。复式断面适用于深挖方渠段，渠岸以上部分可将坡度变陡，每隔一定高度留一平台，以节省开挖量。按蓄水排水要求可分为多蓄少排型、少蓄多排型和全排型。北方少雨地区，应采用多蓄少排型；南方多雨地区，应采用少蓄多排型；东北黑土区如无蓄水要求，应采用全排型。

按建筑材料分，截水排洪沟可分为土质截水排洪沟、衬砌截水排洪沟和三合土截水排洪沟三类。土质截水排洪沟，结构简单、取材方便、节省投资，适用于比降和流速较小的沟段；多用于临时排水；用浆砌石或混凝土将截水排洪沟底部和边坡加以衬砌，适用于比降和流速较大的沟段；三合土截水排洪沟，适用范围介于前两者之间的沟段。下面重点介绍衬砌截水排洪沟的施工工序。

1. 浆砌石截水排洪沟施工工序。施工放样→沟槽开挖→沙砾垫层→砌筑→伸缩缝和沉降缝→勾缝及养护。

（1）施工放样：截水排洪沟工程分段施工，分段放样，按设计图纸要求及测量定位的中心线，依据沟槽开挖计算尺寸，放出中线及边线，用石灰线标记。

（2）沟槽开挖：沟槽利用人工配合挖掘机械开挖，自卸汽车运输，开挖至距设计尺寸 10～15 cm 时，改以人工挖掘。人工修整至设计尺寸，不能扰动沟底及坡面原土层，不允许超挖。开挖结束后清理沟底残土。开挖应严格控制标高，防止超挖或扰动槽底。开挖施工中随时做成一定的坡势，以利排水，开挖过程中尽量保持开挖面平整，边坡按设计边坡随土层开挖形成，避免在边坡稳定范围内形成积水。沟槽开挖土方尽量堆放在沟槽一侧，堆土坡角距槽口上缘不宜小于 0.8 m，堆土高度不宜超过 1.5 m。开挖沟道顺直，平纵面形态圆顺连接，不设死弯硬折，沟底顺坡平整，不留倒坎。局部需回填地段土体应夯实。

（3）沙砾垫层：沟底沙砾垫层摊铺厚度约 15～25 cm，并进行平整压实。

（4）砌筑：截水排洪沟采用挤浆法分层砌筑，工作层应相互错开，不得贯通。较大的石料使用于下层且大面朝下，砌筑时选取形状及尺寸较为合适的石料，尖锐突出部分敲除，竖缝较宽时，在砂浆中塞以小石块，砌缝宽度不大于 2 cm，砌筑过程中要注意选用较大、较平整的石块作为外露面和坡顶、边口，石块使用时应洒水湿润，若表面有泥土、水锈应先冲洗干净，尤其下层砌石不能偏小，砂浆要饱满。石缝以砂浆和小碎石充填，石料挤浆要符合要求，不能紧贴且无砂浆，宽度要一致，各段水平砌缝一致，砌筑中的二角缝不得大于 20 mm。在砂浆凝固前将外露缝勾好，勾缝深度不小于20 mm，若不能及时勾缝，则将砌缝砂浆刮深20 mm为以后勾缝做准备。所有缝隙均应填满砂浆。

（5）伸缩缝和沉降缝：伸缩缝和沉降缝设在一起，缝宽2 cm，缝内填沥青麻丝。

（6）勾缝及养护：勾缝一律采用凹缝，勾缝采用的砂浆强度M7.5，砌体勾缝嵌入砌缝20 mm深，缝槽深度不足时应凿够深度后再勾缝。每砌好一段，待浆砂浆初凝后，用湿草帘覆盖，定时洒水养护，覆盖养护7～14天。养护期间避免外力碰撞、振动或承重。

2. 混凝土截水排洪沟施工工序。施工放样→沟槽开挖→支模→浇筑→振捣→拆模→养护。

（1）施工放样：截水排洪沟工程分段施工，分段放样，按设计图纸要求及测量定位的中心线，依据沟槽开挖计算尺寸，放出中线及边线，用石灰线标记。

（2）沟槽开挖：沟槽利用人工配合挖掘机械开挖，自卸汽车运输，开挖至距设计尺寸10～15 cm时，改以人工挖掘。人工修整至设计尺寸，不能扰动沟底及坡面原土层，不允许超挖。开挖结束后清理沟底残土。开挖应严格控制标高，防止超挖或扰动槽底。开挖施工中随时做成一定的坡势，以利排水，开挖过程中尽量保持开挖面平整，边坡按设计边坡随土层开挖形成，避免在边坡稳定范围内形成积水。沟槽开挖土方尽量堆放在沟槽一侧，堆土坡角距槽口上缘不宜小于0.8 m，堆土高度不宜超过1.5 m。开挖沟道顺直，平纵面形态圆顺连接，不设死弯硬折，沟底顺坡平整，不留倒坎。局部需回填地段土体应夯实。

（3）支模：混凝土浇筑前进行支模，一般采用木模板，模板尺寸满足设计要求。

（4）浇筑：沟槽开挖完成后，先行进行垫层混凝土浇筑，并采用振捣器振捣，混凝土振捣密实后，检查平整度，用刮械配合人工抹平；垫层验收合格后，先进行底板模板支护，然后进行底板混凝土浇筑，为保证底板整体性，混凝土应一次连续浇筑完毕；在沟壁浇筑混凝土以前，应将模板先进行湿润，然后在模板底部先填一层与设计混凝土配合比相同强度等级的水泥砂浆进行封堵。水泥砂浆凝固后进行沟壁混凝土浇筑。

（5）振捣：混凝土捣固密实，不出现蜂窝、麻面，同时注意设置伸缩缝，伸缩缝可采用沥青杉板。

（6）拆模：混凝土浇筑达到一定强度后方可拆模，使用的模板拆除后应及时清理表面残留物，进行清洗。

（7）养护：垫层及底板混凝土浇筑后立即铺设塑料薄膜对混凝土进行养护，沟壁混凝土拆模后立即用塑料薄膜将沟壁包裹好进行养护，养护时间不少于7天。

排洪沟

截水沟

三、小型蓄水工程

（一）蓄水沟

布置蓄水沟，应根据山坡地形状况进行。在较规整的山坡上，蓄水沟可按设计要求，成水平的连续布置，分段拦蓄坡面径流。在切割严重的山坡上，应结合治沟工程，布设蓄水沟，共同承担蓄水拦沙任务。

蓄水沟的工程量均按挖方断面的土方量计算。

1. 蓄水沟施工工序。确定基线→放中心线→清理埂基→挖沟及筑埂。

（1）确定基线：蓄水沟的基线为垂直等高线的直线，一般在坡面上可以确定一条或几条，以控制整个坡面。然后按蓄水沟的设计间距，将基线分段，得到沟埂基点。

（2）放中心线：从基点开始，用仪器或工具测出与基点等高的土埂中心线。同样按埂与沟中心的距离，放出开沟中心线。

（3）清理埂基：按土埂设计的基底尺寸，沿土埂中心线两侧清理地基，清基时要求清除坡面上的浮土，植物根系，并将坡面修成倒坡台阶。

（4）挖沟及筑埂：按开沟中心线和沟断面尺寸，开挖蓄水沟的挖方部分，将挖出来的土做埂，做埂时要求夯压密实，使土埂达到稳定。开沟时，还应注意在沟底每隔 5～10 m 留一道高度为 1/3～1/2 沟深的横向土隔墙。

2. 建设要求。

（1）由于蓄水沟的蓄水能力有限，为了防止超设计暴雨造成破坏，一般在布置蓄水沟时，还应设置泄洪口，使超量径流有出路。解决的办法是每隔 1～2 条蓄水沟布置一条截流沟，将水流引出坡面，或者挖筑一定数量的蓄水池，将超设计径流储存起来，干旱时用于灌溉农田。

（2）为了防止泄流冲刷，一般泄洪口及泄水道应用块石或草皮衬砌保护。

（3）蓄水沟施工时，由于土埂不易夯实，雨后容易被冲蚀，同时蓄水沟也会沉积泥沙，使蓄水沟容量减少。因此，在雨前雨后应对蓄水沟（埂）进行维修养护，以维护土埂的等高水平。修补时，用蓄水沟内的沉积土。

（4）蓄水沟施工完成后，可在蓄水沟的沟埂内侧植树造林，在土埂外坡上铺草皮或栽种灌木以保护土埂安全。对整个坡面也应合理配置林草措施，尽快地控制整个坡面的土壤侵蚀。

（二）蓄水池

蓄水池是在地面挖坑或在洼地筑埂，用以拦蓄地表径流和泉水的小型坡面蓄水工程。在我国北方习惯称为涝池，南方常称为水塘、池塘等。蓄水池的分布与容量，根据坡面径流总量、蓄排关系和工程量及使用方便等原因，因地制宜具体确定。一个坡面的蓄排工程系统可集中布设一个蓄水池，也可分散布设若干个蓄水池，单池容量从数百立方米到数万立方米不等。蓄水池的位置，应根据地形、岩性、蓄水容量、工程量、施工是否方便等条件具体确定。

蓄水池工程在进行开挖施工时，要及时检查开挖尺寸是否符合设计要求，对于需作石料衬砌的部位，开挖尺寸应预留石方衬砌位置。池底如有裂缝或其他漏水隐患等问题时应及时处理，并做好清基夯实，然后进行石方衬砌。石方衬砌要求料石（或较平整的块石）厚度不小于30 cm，接缝宽度不大于2.5 cm，同时应做到砌石顶部要平，每层铺砌要稳，相邻石料要靠得紧，缝间砂浆要灌饱满，上层石块必须压住其下一层石块的接缝。

蓄水池修成后，每年汛后和每次较大暴雨后，都要对其进行全面检查，如发现有渗漏或淤积严重时，要及时查明原因，做防渗堵漏、清除淤积等工作，确保蓄水池拦蓄安全。为了减少蓄水池水面蒸发，还可以在池四周种植经济价值较高的树木，但应选好树种和栽植方式，防止树根破坏衬砌体和引起池底漏水。

水 窖

蓄水池

沉沙池

涝 地

小型蓄水工程

第四节 沟道治理工程

沟道治理工程是指为固定沟床、防治沟蚀、减轻山洪及泥沙危害，合理开发利用水土资源采取的工程措施。包括谷坊、沟头防护等工程。为防止沟头前进、沟床下切、沟岸扩张、减缓沟床纵坡、山洪暴发、泥石流等造成灾害，通过工程措施对沟道进行治理。

沟道治理应坚持沟坡兼治，坡面以梯田、林草工程为主，沟道以谷坊等工程治理，且应与小型蓄水工程、防护林工程等相互配合，在山洪灾害、泥石灾害、崩岗严重的地区，应合理配置防灾减灾措施。沟道治理工程应按《水土保持工程设计规范》（GB 51018）规定执行。

一、谷坊

谷坊应与沟头防护、侵蚀沟防护林（草）等措施互相配合，获取共同控制沟壑侵蚀的效果；坡角大于35°且沟坡植被较少，线型不规整的侵蚀沟，布置削坡整形措施，将坡角削坡至35°以下；分布在耕地中的侵蚀沟不宜采取石质工程措施，应采取填沟措施，以免影响机械作业；因上游集水面积大而形成的汇流冲刷产生的侵蚀沟。

谷坊按建筑材料不同分为土谷坊、石谷坊（浆砌石谷坊、干砌石谷坊、石笼谷坊、混凝土预制谷坊）和植物谷坊（柳桩编篱型植物谷坊、多排密植型植物谷坊）。

根据使用年限可分为永久谷坊和临时谷坊；根据透水性质可分为透水性谷坊和不透水性谷坊。修建条件需考虑谷口狭窄、沟床基岩外露、上游有宽阔平坦的贮砂场所、有支流汇合时应在汇合点下游修建等。

土谷坊一般高2～5 m，顶宽1.5～4.5 m，上游边坡坡比（1∶1.5）～（1∶2.0），下游边坡坡比（1∶1.25）～（1∶1.75）；浆砌石、混凝土预制谷坊高不大于5 m，顶宽0.6～1.0 m，上游边坡坡比1∶0.1，下游边坡坡比（1∶0.2）～（1∶0.5）；石笼谷坊高不大于3 m，顶宽1.0～1.5 m，上游边坡坡比（1∶0.8）～（1∶1.0），下游边坡坡比（1∶1.0）～（1∶1.2）；植物谷坊（柳桩编篱型植切谷坊、多排密植型植物谷坊）布设在土层较厚且湿润的沟道，外观几何形式与土谷坊相似。土谷坊和石质谷坊进、出口处应配套护坡、护底等防护措施。末级谷坊出口处应布设消力池、海漫等消能防冲设施。

石谷坊（浆砌石谷坊、干砌石谷坊、石笼谷坊、混凝土预制谷坊）的矩形溢洪口布设在坝顶中间部位；土谷坊的梯形溢洪口布设在顶部，土谷坊溢洪口堰及下游斜坡应砌石或混凝土防护；上下两座谷坊溢洪口宜左右交错布设。

（一）土谷坊

1. 施工工序。定线→清基→填土夯实。

（1）定线：根据规划要求定出坝轴线，按设计的谷坊尺寸，在地面划出坝基轮廓线。

（2）清基：将轮廓线以内的浮土、草皮、乱石、树根等全部清除掉。挖结合槽。沿坝轴线，从沟底至两岸沟坡开挖结合槽，宽深各0.5～1.0 m。

（3）填土夯实：先用木夯在结合槽内普打一遍再回填修筑。修筑时应分层铺上夯实，每层填土厚0.25～0.3 m，每次填土夯实前，要将前一次夯实土表面刨松3～5 cm，再上新土夯实，要求干密度1 400～1 500 kg/m^3。在干旱山区修筑谷坊，要特别把握住适宜的含水率，防止干土上坝。

2. 建设要求。

（1）土谷坊是用土料筑成的小土坝。一般采用一种土料做成均质土坝。土谷坊坝体断面尺寸，可根据谷坊所在位置的地形条件，参照下表进行确定。

坝高（m）	顶宽（m）	底宽（m）	迎水坡比	背水坡比
2	1.5	5.9	1∶1.2	1∶1.0
3	1.5	9.0	1∶1.3	1∶1.2
4	2.0	13.2	1∶1.5	1∶1.3
5	2.0	18.5	1∶1.8	1∶1.5

（2）土谷坊不允许坝顶过水，应将溢洪口设置在沟岸较坚硬的土层上，对于土质较松软的沟岸应有防冲设施。当过水量不大、水深不超过0.2 m时，可铺设草皮防冲；当水深超过0.2 m时，需用干砌石砌护。土谷坊溢洪口其下紧接排洪渠，为明渠式溢洪口，一般为梯形断面。

（二）石谷坊

施工工序。定线→清基→砌石。

（1）定线：与土谷坊相同。

（2）清基：石谷坊土质沟床清基的要求，与土谷坊相同。对于岩基沟床清基时，应清除表面的强风化层，基岩表面应凿成向上游倾斜的锯齿状，两岸沟壁凿成竖向结合槽。

（3）砌石：根据设计尺寸，从下向上分层垒砌，逐层向内收坡，块石应首尾相接，错缝砌筑，大石压顶。对于干砌石谷坊各层石条至少压住空隙要用小石填满。同时应做到“平、稳、紧、满”即砌石顶部要平，每层砌筑要稳，相邻石料要靠紧，缝间砂浆要灌满。浆砌石谷坊砌筑砂浆一般为水泥砂浆，较低且不常过水的谷坊也可用石灰水泥混合砂浆。对于体积较大的谷坊，为了节约水泥，谷坊上、下游表面及顶部用水泥砂浆，内部可用石灰砂浆或石灰水泥混合砂浆。

在缺乏粗石料时，亦可用砖砌。

（三）植物谷坊

植物谷坊又称杨柳谷坊，是在集水面积不大，沟床较窄的土质沟槽中打（杨柳）桩编（杨柳）篱，待杨柳成活后，即可缓洪拦沙，固定沟床，又能增加经济效益。杨柳谷坊可分为柳桩编篱型和多排密植型。

1. 柳桩编篱型谷坊。柳桩编篱谷坊其形式多种多样，有单排桩、双排桩，柳桩间有填石块的也有填土料的。但其修筑方法基本相似，下面以双排柳桩编篱填土谷坊为例来介绍。

在沟中已定谷坊位置，挖深、宽各为 0.5 m 的沟槽，其两端要切入岸坡 1.0 m。然后沿沟槽两侧栽植两排长 1.5 m，直径为 5～10 cm 的柳桩，桩距 0.2～0.25 m，插入沟底 0.5 m。再用末端直径为 1.5 cm 左右的二年生柳枝，以柳桩为径编篱，边编边向下压紧，并同步向槽内填土踏实。编篱要使中部比两端低一些，呈为弧形，使水流向谷坊中部集中，以免冲毁两侧岸坡。谷坊上游侧填土，填土顶宽 0.5～1 m，边坡 1∶2。下游用柳梢捆（用细柳梢捆成梢捆，其直径 0.4 m，每隔 0.5 m 用铅丝捆一道）平铺一层作为护底，为了防止梢捆受水流冲刷滚动，在护底下游边界打设一排木桩固定梢捆。

谷　坊

2. 多排密植型谷坊。在沟中已定谷坊位置，垂直于水流方向开挖深0.5～1.0 m的沟槽，5排以上，行距1.0 m，株距0.3～0.5 m。也有的在柳桩底部编柳30～50 cm。

采选柳桩，要按设计要求的长度和桩径，选生长能力强的活立木。并在春天树木萌芽前或秋天树木落叶后进行。为了保证柳桩成活，埋桩时要注意桩身于地面垂直，勿伤柳桩外皮，芽眼向上。各排桩位呈“品”字形错开。

二、沟头防护

沟头防护是指为防止径流冲刷引起沟头延伸和坡面侵蚀而采取的工程措施。沟头防护的设计标准，一般取10年一遇3～6 h最大暴雨。

当沟头以上集水区面积小于5 hm^2 时，宜采用蓄水型沟头防护，根据沟头坡面完整或破碎情况，可做成连续围埂式；集水面积大于5 hm^2 时，宜采用排水型沟头防护，当沟头陡崖（或陡坡）高差小于5 m时宜修建跌水式沟头防护，当沟头陡崖高差大于5 m时宜修建悬臂式沟头防护；集水面积大于10 hm^2 时，围埂不能全部拦蓄沟头以上来水量，应布设相应的治坡措施与小型蓄水工程，以减少地表径流汇集沟头。

（一）蓄水型沟头防护工程

蓄水型沟头防护工程又分为沟埂式和围埂蓄水池式两种。

1. 沟埂式沟头防护工程。 沟埂式沟头防护工程，是在沟头上部坡面沿等高线开沟取土筑埂，即围绕沟头开挖与沟边大致平行的一道或数道蓄水沟，同时在每道蓄水沟的下侧 1～1.5 m 处修筑与蓄水沟大致平行的土埂，沟与埂共同拦蓄坡面汇集而来的地表径流，切断沟壑赖以溯源侵蚀的水源。若沟埂附近地形条件允许时，可将沟埂内蓄水引入耕地进行灌溉。

沟埂的布置是依据沟头上部坡面的地形和汇集的径流多少而定的。当沟头上部坡面地形较完整时，可做成连续式的沟埂；当沟头上部坡面较破碎时，可做成断续式沟埂。当第一道沟埂的蓄水容积不能全部拦蓄坡上径流时，应在其上侧布设第二道、第三道沟埂，直至达到能全部拦蓄沟头以上坡面径流为止。第一道土埂距沟沿应保持一定距离，以蓄水渗透不致造成沟岸崩塌或陷穴为原则，一般第一道沟埂距离与沟头边缘 3～5 m 为宜。当遇到超设计标准暴雨或上方沟埂蓄满水之后，水将溢出，为防止暴雨径流漫溢冲毁土埂，沿埂每隔 10～20 m 设置一个深 20～30 cm、宽 1～2 m 的溢水口，并用草皮铺盖或石块砌护。为了保护土埂不受破坏，可于土埂上栽植灌木或种草；在沟与埂的间距内，可结合鱼鳞坑栽植适地树种。

连续式沟埂，还应在每道埂上侧相距 10～15 m 处设一挡墙，挡墙高0.4～0.6 m，顶宽 0.3～0.5 m，以免径流集中造成土埂漫决冲毁。

2. 围埂蓄水池式沟头防护工程。 当沟头以上坡面有较平缓低洼地段时，可在平缓低洼处修建蓄水池，同时围绕沟头前沿呈弧形修筑围埂切断坡面径流下沟去路，围埂与蓄水池相连将径流引入蓄水池中，这样组成一个拦蓄结合的沟头防护系统。同时蓄水池内存蓄的水也可得以利用当沟头以上坡面来水较大或地形破碎时，可修建多个蓄水池，蓄水池相互连通组成连环蓄水池。蓄水池位置应距沟头前缘一定距离，以防渗水引起沟岸崩塌，一般要求距沟头 10 m 以上。蓄水池要设溢水口，并与排水设施相连，使超设计暴雨径流通过溢水口和排水设施安全地送至下游。

蓄水池容积与数量应能容纳设计标准时上部坡面的全部径流泥沙。其设计与蓄水池设计方法相同。围埂为土质梯形断面，埂高 0.5～1 m，顶宽 0.4～0.5 m，内外坡比各约 1∶1。

（二）排水型沟头防护工程

沟头防护，在一般情况下应采取以蓄水为主的方式，把水上尽可能拦蓄起来加以利用。而当沟头以上坡面来水量较大，蓄水型沟头防护工程不能完全拦蓄，或由于地形、土质限制，不能采用蓄水型时，应采用排水型沟头防护工程。

跌水是水利工程中常用的消能建筑物，在排水型沟头防护工程中用作坡面水流进入沟道的衔接防冲设施。依据跌水的结构形式不同，排水型沟头防护工程一般可分为台阶式和悬臂式两种。

生态截流沟全貌及局部

1. 台阶式沟头防护工程。 台阶式沟头防护工程又可分为单级式和多级式。单级式适宜于落差小于 2.5 m，地形降落比较集中的地方，由于落差小，水流跌落过程产生的能量不大，采用单级式可基本消除其能量。当落差较大而地形降落距离较长的地方，宜采用多级跌水，使水流在逐级跌落过程中逐渐消能，在这种情况下如采用单级式，因落差过大，下游流速大，必须做消力池。

2. 悬臂式沟头防护工程。当沟头为落差较大的悬崖时，宜选用悬臂式沟头防护工程。悬臂式沟头防护工程由进口连接渐变段和悬臂渡槽组成。进口连接渐变段与单级跌水的进口连接渐变段相同。悬臂渡槽一端钳入进口连接渐变段，另一端伸出崖壁，使水流通过渡槽挑泄下沟。在沟底受水流冲击的部位，可铺设碎石垫层以消能防冲。悬臂渡槽可用木板、石板、混凝土板或钢板制成。为了增加渡槽的稳定性，应在其外伸部分设支撑或用拉链固定。悬臂渡槽一般采用矩形断面。

第六章　农田输配电

农田输配电工程指为农用泵站、机井以及信息化工程等提供电力保障所需的强电、弱电等各种设施，包括输电线路、变配电装置、弱电工程。其布设应符合电力系统安装与运行相关标准，保证用电质量和安全。

第一节　输电线路

一、线路设计

1. 线路设计应与田间道路、灌溉与排水等工程相结合，不占或少占农田。线路杆塔位置应与农田环境相适应。

2. 农用线路路径和杆位的选择应避开低注地、易冲刷地带和影响线路安全运行的地段，路径选择宜避开不良地质地带和采动影响区，宜避开重冰区、导线易舞动区，当无法避让时，应采取必要的措施。

3. 架空配电线路与甲、乙类厂房（仓库），可燃材料堆垛，甲、乙类液体储罐，液化石油气储罐，可燃、助燃气体储罐最近水平距离不应小于电杆（塔）高度的 1.5 倍；丙类液体储罐不应小于电杆（塔）高度的 1.2 倍。架空配电线路与直埋地下的甲、乙类液体储罐和可燃气体储罐，不应小于电杆（塔）高度的 0.75 倍；直埋地下的丙类液体储罐与配电架空线的最近水平距离不应小于电杆（塔）高度的 0.6 倍。

4. 发电厂和变电站的进出线、两回或多回路相邻线路应统一规划，在走廊拥挤地段宜采用同杆塔架设。

5. 线路不宜通过林区，当确需经过林区时应结合林区道路和林区具体条件选择线路路径，并应减少树木砍伐。线路宜避开果林，经济作物林以及城市绿化灌木林。

6. 线路耐张段的长度不宜大于 1.5 km，在环境条件恶劣的地段，耐张段长度不宜大于 1 km；接入负荷较多的线路段及受台风影响地区宜缩小耐张段长度。

7. 线路不宜通过设计冰厚超过 20 mm 的重冰区。

8. 高标准农田建设项目农网线路宜采用 10 kV 及以下电压等级，包括10 kV、1 kV、380 V 和 220 V，应设立相应标识。

9. 设计基本风速应采用当地空旷平坦地面上离地 10 m 高，统计所得的 30 年一遇 10 min 平均最大风速，并应结合实际运行经验确定；当无可靠资料时，在空旷平坦地区不应小于 25 m/s，必要时还宜按稀有风速条件进行验算，并应符合下列规定：

① 山区架空配电线路的设计基本风速，应根据当地气象资料确定；当无可靠资料时，基本风速可按附近平原地区的统计值增加 10%；

② 架空配电线路位于河岸、湖岸、山峰以及山谷口等容易产生强风的地带时，其基本风速应较附近一般地区适当增大；对易覆冰、风口、高差大的地段，宜缩短耐张段长度，杆塔使用条件应适当留有裕度；

③ 架空配电线路通过森林地区时，如两侧屏蔽物的平均高度大于杆塔高度的 2/3，其基本风速宜比当地最大设计风速减少 20%；

④ 架空配电线路高层建筑周围，其迎风地段风速值应较其他地段适当增加，如无可靠资料时，应按附近平地风速增加 20%。

10. 线路设计采用的年平均气温应按《10 kV 及以下架空配电线路设计规范》（DL/T 5220）规定执行。

11. 轻冰区宜按无冰、5 mm 或 10 mm 覆冰厚度设计；中冰区宜按 15 mm 或 20 mm 覆冰厚度设计；重冰区应结合工程实际确定。

二、导线

1. 农田输配电建设应按《农村电力网规划设计导则》（DL/T

5118）规定执行，并应与当地电网建设规划相协调。

2. 农田输配电线路应采用多股绞合导线，且宜采用架空绝缘导线，其技术性能应符合《圆线同心绞架空导线》（GB/T 1179）、《额定电压10 kV 架空绝缘电缆》（GB/T 14049）、《额定电压 1 kV 及以下架空绝缘电缆》（GB/T 12527）等规定。

3. 风向与线路垂直情况导线风荷载的标准值应符合《10 kV 及以下架空配电线路设计规范》（DL/T 5220）规定。

4. 导线截面的确定应满足《10 kV 及以下架空配电线路设计规范》（DL/T 5220）规定，导线截面的选择应结合地区配电网发展规划确定。3～10 kV 配电线路主干线截面不宜小于 95 mm^2，分支线截面不宜小于 50 mm^2。3 kV 以下配电线路铝芯导线主干截面不宜小于 50 mm^2，分支线截面不宜小于35 mm^2。3 kV 以下三相四线制的零线截面应与相线截面相同。

5. 导线截面的确定当采用允许电压降校核确定导线截面时，应符合下列规定：

① 3～10 kV 架空配电线路，自供电的变电所低压侧出口至线路末端变压器或末端受电变电所高压侧入口的允许电压降为供电变电所低压侧额定电压的 5%；

② 3 kV 以下架空配电线路，自配电变压器低压侧出口至线路末端（不包括接户线）的允许电压降为额定电压的 4%。

6. 导线的弧垂应根据计算确定。导线架设后塑性伸长对弧垂的影响，宜采用减小弧垂法补偿，弧垂减小的百分数为：铝绞线、铝芯绝缘线为 20%；钢芯铝绞线、绝缘钢芯铝绞线为 12%；铜绞线、铜芯绝缘线为 7%～8%。

三、导线排列

1. 农田输配电 3～10 kV 线路的导线应采用三角排列、水平排列、垂直排列等。3 kV 以下配电线路的导线宜采用水平排列。

2. 架空配电线路同杆（塔）架设不宜超过四回，不同电压等级并架时应采用高电压在上、低电压在下的布置型式。3～10 kV架空配电线路和3 kV以下架空配电线路同杆架设时，应是同一电源，并应有明显的标志。

3. 同一地区3 kV以下配电线路的导线在电杆上的排列应统一。零线应靠近电杆或靠近建筑物侧。同一回路的零线不应高于相线。

4. 农田输配电线路的档距、导线的线间距离和同电压等级同杆架设的双回路横担间的垂直距离应符合《10 kV及以下架空配电线路设计规范》（DL/T 5220）的规定。

5. 沿建（构）筑物架设的3 kV以下低压配电线路应采用绝缘线，导线支持点之间的距离不宜大于15 m。

6. 3～10 kV农田输配电线路架设在同一横担上的导线，其截面差不宜大于三级。

7. 架空配电线路导线的线间距离，同电压等级同杆架设或3～10 kV、3 kV以下同杆架设的线路或绝缘线路，横担间的垂直距离应符合《10 kV及以下架空配电线路设计规范》（DL/T 5220）的规定。

8. 3～10 kV架空配电线路与35 kV线路同杆架设时，应架设于35 kV线路下方且两线路导线间的垂直距离不应小于2.0 m。3～10 kV架空配电线路与66 kV线路同杆架设时，应架设于66 kV线路下方且两线路导线间的垂直距离不应小于3.5 m。

9. 农田输配电线路每相的过引线、引下线与邻相的过引线、引下线或导线之间的净空距离以及导线与拉线、电杆或构架间的净空距离应符合《10 kV及以下架空配电线路设计规范》（DL/T 5220）的规定。

四、绝缘子及金具

1. 绝缘子选择应符合下列要求。3～10 kV农田配电线路：直线杆塔宜采用线路柱式绝缘子、针式绝缘子或瓷横担，耐张杆塔宜采用盘型悬式绝缘子组成的绝缘子串，或采用盘型悬式绝缘子和蝶式绝缘子组成的绝缘子串；3 kV以下配电线路：直线杆宜采用针式绝缘子，耐张杆宜采用盘型悬式绝缘子或蝶式绝缘子。

2. 在环境污秽地区，架空配电线路环境污秽等级、架空配电线路的爬电比距应符合《10 kV 及以下架空配电线路设计规范》（DL/T 5220）附录 B 的规定。配电线路的电瓷外绝缘应根据地区运行经验和所处地段外绝缘污秽等级，增加绝缘的泄漏距离或采取其他防污措施。

3. 金具的材料和工艺应符合《电力金具通用技术条件》（GB/T 2314）的规定和设计图的要求，选用的材料应降低磁滞损耗和涡流损耗，百金属类材料应满足户外使用条件，具有耐候性。金额属材料可选用铝质、钢（铁）质、铜质及合金材料，钢制金额具应热镀锌，应符合《架空配电线路金具技术条件》（DL/T 765.1）的技术规定。

4. 绝缘子和金具的机械强度和性能应符合《10 kV 及以下架空配电线路设计规范》（DL/T 5220）的要求。

五、电杆、拉线和基础

1. 农田输配电线路的环形预应力混凝土电杆应采用定型产品。电杆构造的要求应符合《环形混凝土电杆》（GB 4623）的标准。

2. 农田输配电线路采用的杆塔应满足安全运行等条件，1～10 kV线路架设应选用 10 m 及以上杆塔，1 kV 以下线路架设应选用 8 m 以上杆塔，并满足《农村低压电力技术规程》（DL/T 499）对交叉跨越距离的要求。

3. 杆塔、导线的风荷载，其垂直线路方向风量和顺线路方向风量，应按《66 kV 及以下架空电力线路设计规范》（GB 50061）的规定设计。

4. 拉线应根据电杆的受力情况装设。拉线与电杆的夹角宜采用 45°，当受地形限制可适当减小，但应不小于 30°。

5. 拉线应采用镀锌钢绞线，其截面应按受力情况计算确定，且应不小于 25 mm^2。

6. 空旷地区配电线路连续直线杆超过 10 基时，宜装设防风拉线。

7. 拉线棒的直径应计算确定，且应不小于 16 mm。拉线棒应热镀锌。腐蚀地区拉线棒直径应适当加大 2～4 mm 或采取其他有效防腐措施。

8. 电杆埋设深度应计算确定，单回路的配电线路电杆埋设深度：8 m杆埋深 1.5 m，9 m 杆埋深 1.6 m，10 m 杆埋深 1.7 m，12 m 杆埋深 1.9 m，13 m 杆埋深 2.0 m，15 m 杆埋深 2.3 m。

9. 多回路的配电线路应验算电杆基础底面压应力、抗拔稳定、倾覆稳定时，应符合《66 kV 及以下架空电力线路设计规范》(GB 50061) 的规定。

10. 基础采用的混凝土强度等级不应低于 C20，当基础采用强度等级为 400 MPa 及以上的钢筋时，混凝土强度等级不应低于 C25。

11. 配电线路采用钢管杆时，钢管杆的基础型式、基础的倾覆稳定应符合《架空送电线路钢管杆设计技术规范》(DL/T 5130) 的规定。

第二节　变配电装置

变配电装置指通过配电网路进行电能重新分配的装置。主要包括变压器、配电箱（屏）、断路器、互感器、起动器、避雷器、接地装置等。

农田输配电设备接地方式宜采用 TT 系统，对安全有特殊要求的宜采用 IT 系统。应根据输送容量、供电半径选择输配电线路导线截面和输送方式，合理布设配电室，提高输配电效率。配电室设计应执行《20 kV 及以下变电所设计规范》(GB 50053) 有关规定，并应采取防潮、防鼠虫害等措施，保证运行安全。输配电线路的线间距应在保障安全的前提下，结合运行经验确定；塔杆宜采用钢筋混凝土杆，应在塔杆上标明线路的名称、代号、塔杆号和警示标识等；塔基宜选用钢筋混凝土或混凝土基础。农田输配电线路导线截面应根据用电负荷计算，并结合地区配电双发展规划确定。架空输配电导线对地距离应按《10 kV 及以下架空配电线路设计规范》(DL/T 5220) 规定执行。需埋地敷设的电缆，电缆上应铺设保护层，敷设深度宜大于 0.7 m，当直埋在农田时，不宜小于 1 m。导线对地距离和埋地电缆敷设深度均应充分考虑机械化作业要求。

变配电装置应采用适合的变台、变压器、配电箱（屏）、断路器、互感器、起动器、避雷器、接地装置等相关设施。变配电设施宜采用地上变台或杆上变台，应设置警示标识。变压器外壳距地面建筑物的净距离宜大于 0.8 m；变压器装设在杆上时，无遮拦导电部分距地面宜大于 3.5 m。变压器的绝缘子最低瓷裙距地面高度小于 2.5 m 时，应设置固定围栏，其高度宜大于 1.5 m。接地装置的地下部分埋深宜大于 0.7 m，且不得影响机械化作业。

第三节　弱电工程

弱电工程指信号线布设、弱电设施设备和系统安装工程。

根据高标准农田建设现代化、信息化的建设和管理要求，可合理布设弱电工程。弱电工程的安装运行应符合《民用建筑电气设计标准》(GB 51348) 和《电气装置安装工程电缆线路施工及验收规范》(GB 50168) 等要求。

农田输配电工程统一由专业施工队伍按电力系统安装与运行相关标准进行施工建设。

输电线路

变压器

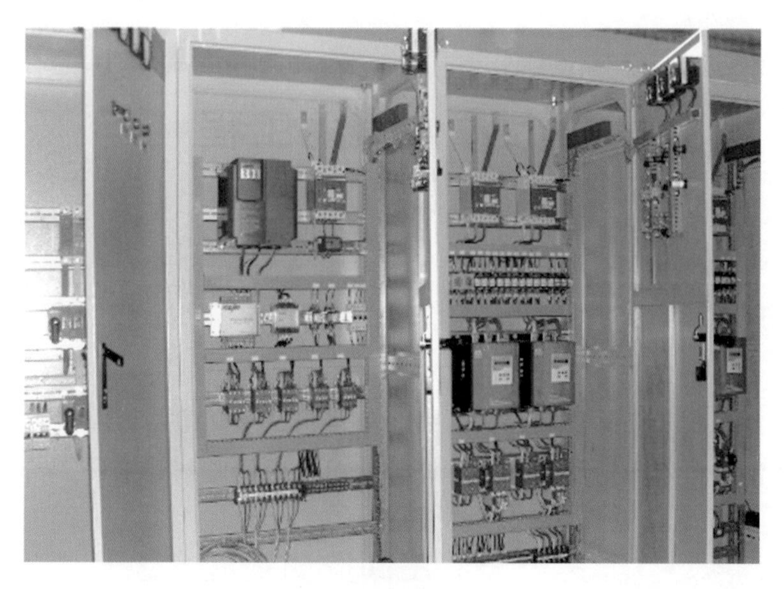

配电箱

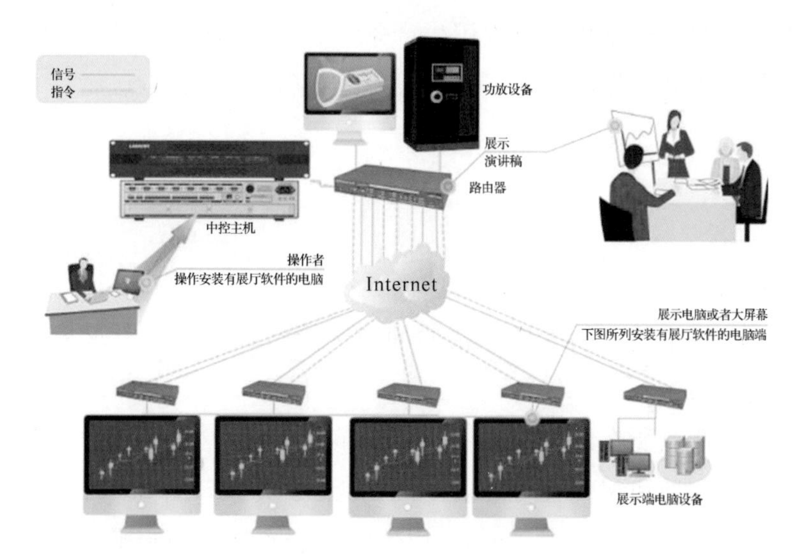
信号
指令
功放设备
展示
演讲稿
路由器
中控主机
操作者
操作安装有展厅软件的电脑
Internet
展示电脑或者大屏幕
下图所列安装有展厅软件的电脑端
展示端电脑设备

弱电工程

第七章　其他工程

其他工程是指除田块整治、灌溉与排水、田间道路、农田防护与生态环境保护、农田输配电等工程以外建设的田间监测等工程。

第一节　田间监测工程

田间监测工程是指监测农田生产条件、土壤墒情、土壤主要理化性状、农业投入品、作物产量、农田设施维护等情况的站点。

一、建设要求

1. 监测点布设要求。

（1）监测点尽量选择在项目区内。

（2）选择本地区的主导作物的种植区域，种植区域要求集中连片，面积规模较大。

（3）监测点所在地块面积不小于 3 亩，并且种植模式完全相同。

（4）监测地块尽量涵盖本地区主要土壤类型（黄壤、红壤、棕壤等）和肥力水平（高、中、低），以便能代表本地种植水平。

2. 监测设备选点安装要求。

（1）应选择在交通便利、公网通信条件好的地方；宜远离河流、泉水、水库和大型渠道；宜远离树林、高压线和高大建筑物。

（2）应在适宜地块上选取。地块应具有代表性，且平坦、易达，考虑其土壤质地、农作物种植结构、地形地貌和水文地质等条件。

（3）应布置在距代表性地块边缘 10 m 以上且平整的地块中，应避开低洼易积水的地方，且同沟槽和供水渠道宜保持 20 m 以上的距离，避免沟渠水侧渗对土壤含水量产生影响。

（4）监测位置应相对稳定，监测位置一经确定不得随意改变，以保持监测资料的一致性和连续性。

二、监测设备配量要求

1. 每个自动监测站配置实时土壤水分测试仪、小型气象站、土壤采样工具、定位设备、数据传输处理设备及相应配套设施。

2. 监测站占地面积不小于 30 m^2，应用 GPS 仪定位，建立保护围栏并设立标志，安装避雷装置。

3. 实时土壤水分测试仪 5 个测量传感器分别埋入种植田间 10 cm、20 cm、30 cm、50 cm、80 cm 的土层中，鼓励采用一体化智能终端。

田间监测点

第二节　项目标志工程

高标准农田建设项目完工后应及时设立项目公示标志牌。

公示标志牌应设置在高标准农田的显著位置，便于宣传和接受群众监督。

公示标志牌按照农业农村部办公厅《关于规范统一高标准农田国家标识的通知》要求设计。

项目竣工公示牌

第八章 农田地力提升

农田地力提升工程是指为改善土壤质地、减少或消除影响作物生长的障碍因素而采取的措施。包括土壤改良、障碍土层消除、土壤培肥等。

第一节 建设要求

一、土壤改良建设要求

土壤改良是指采取物理、化学、生物或工程等综合措施，消除影响农作物生育或引起土壤退化的不利因素。

1. 根据土壤退化成因，可采取物理、化学、生物或工程等综合措施治理。

2. 过沙或过黏的土壤应通过掺黏、掺沙、客土、增施有机肥等措施改良土壤质地。掺沙、掺黏应就地就近取材。

3. 酸化土壤应根据土壤酸化程度，利用石灰质物质、土壤调理剂、有机肥等进行改良，改良后土壤 pH 应达到 5.5 以上至中性。

4. 盐碱土壤可采取工程排盐、施用土壤调理剂和有机肥等措施进行改良，改良后的土壤盐分含量应低于 0.3%，土壤 pH 应达到 8.5 以下至中性。

5. 农田土壤风蚀沙化防治，可采取建设农田防护林、实施保护性耕作等措施。

6. 土壤板结治理，可采取秸秆还田、增施腐殖酸肥料、生物有机肥、种植绿肥、保护性耕作、深耕深松、施用土壤调理剂、测土配方施肥等措施，改善耕层土壤团粒结构。

二、障碍土层消除建设要求

本内容涉及障碍土层消除是指采取深耕深松等措施，畅通作物根系生长和水气运行。

1. 障碍土层主要包括犁底层（水田除外）、白浆层、黏磐层、钙磐层（砂姜层）、铁磐层、盐磐层、潜育层、沙漏层等类型。

2. 采用深耕、深松、客土等措施，消除障碍土层对作物根系生长和水气运行的限制。作业深度视障碍土层距地表深度和作物生长需要的耕层厚度确定。

三、土壤培肥建设要求

土壤培肥是指通过秸秆还田、施有机肥、种植绿肥、深耕深松等措施，使耕地地力保持或提高。

1. 高标准农田建成后，应通过秸秆还田、施有机肥、种植绿肥、深耕深松等措施，保持或提高耕地地力。高标准农田建成3年后土壤有机质含量目标值：东北区（辽宁、吉林、黑龙江及内蒙古赤峰、通辽、兴安、呼伦贝尔）平原区宜≥30 g/kg；黄淮海区（北京、天津、河北、山东、河南）平原区宜≥15 g/kg，山地丘陵区宜≥12 g/kg；长江中下游区（上海、江苏、安徽、江西、湖北、湖南）宜≥20 g/kg；东南区（浙江、福建、广东、海南）宜≥20 g/kg；西南区（广西、重庆、四川、贵州、云南）宜≥20 g/kg；西北区（山西、陕西、甘肃、宁夏、新疆含生产建设兵团及内蒙古呼和浩特、锡林郭勒、包头、乌海、鄂尔多斯、巴彦淖尔、乌兰察布、阿拉善）宜≥12 g/kg；青藏区（西藏、青海）宜≥12 g/kg。

2. 高标准农田建成后，应实施测土配方施肥，使养分比例适宜作物生长。测土配方施肥覆盖率应达到95%以上。

土壤培肥监测

第二节　操作要点

一、土壤改良操作要点

（一）土壤质地改良

采取掺沙、掺黏、客土、增施有机肥等措施，改善土壤性状，提高土壤肥力。

1. 黏土、重壤土改良操作要点。

掺河沙或砂土：筛选粒径为 0.1～0.5 mm 的河沙或砂土，按照每亩掺砂 10～15 t 的比例，将河沙或砂土均匀铺洒于田面，使用农机旋耕表层 20 cm 土壤，使土壤充分混匀。

掺膨化岩石：筛选粒径为 0.5～1.0 mm 的珍珠岩或沸石，或者粒径为 0.25～1.0 mm 的硅藻土，按照每亩掺入 3～4 t 的比例，将珍珠岩、沸石或硅藻土均匀铺洒于田面，使用农机旋耕表层 20 cm 土壤，使土壤充分混匀。

掺河泥、泥炭、农家肥等有机肥类：按照每亩掺入3～4 t的比例，将有机肥深耕20 cm以上混匀。

2. 砂土改良方法。

掺黏土：选择黏粒含量较高的黏土、黏壤土、塘泥等，按照每亩掺入10～15 t的比例，将黏土深耕20 cm以上混匀。

翻淤压沙：对表层砂土较薄且心土层含黏质土的土壤，使用农机深翻，使黏质心土与表层砂土混匀。

（二）酸化土壤治理

采取施用石灰质物质、土壤调理剂和有机肥等措施，中和土壤酸度，提高土壤pH。

1. 生石灰的施用量应根据土壤质地和本底酸碱度进行确定。

极强酸性土壤（pH＜4.5）：100 kg/亩（黏土）、75 kg/亩（壤土）、60 kg/亩（砂土）。

强酸性土壤（4.5≤pH＜5.0）：85 kg/亩（黏土）、60 kg/亩（壤土）、45 kg/亩（砂土）。

酸性土壤（5.0≤pH＜5.5）：70 kg/亩（黏土）、45 kg/亩（壤土）、30 kg/亩（砂土）。

水田宜在春季翻耕前施用生石灰，施用后尽快翻耕土壤；水浇地和旱地施用生石灰当天应翻耕整地。

2. 土壤调理剂。按照不同情况施用。

3. 施用有机肥。操作上可以进行全面撒施，施后均耕5～15 cm深的土层使肥、土混合。也可以穴施、沟施，深度5～15 cm，施肥后有机肥和土适当搅混，以充分发挥肥效作用。

（三）盐碱土壤治理

采取工程排盐、施用土壤调理剂和有机肥等措施，降低土壤盐分含量，中和土壤碱度，降低土壤pH。

（四）土壤风蚀沙化防治

采取建设农田防护林、秸秆覆盖、保护性耕作等措施，防治土壤沙质化，防止土地生产力下降。

（五）板结土壤治理

采取秸秆还田、增施腐殖酸肥料、生物有机肥、种植绿肥、保护性耕作、深耕深松、施用土壤调理剂、测土配方施肥等措施，增加土壤有机质含量，改善土壤结构，防止土壤容重增加、质地变硬。

二、障碍土层消除操作要点

采取深耕深松等措施，深耕深度应大于 30 cm，打破犁底层，使作物根系生长需要的水气畅通运行。

深耕深松

三、地力培肥操作要点

通过秸秆还田、施有机肥、种植绿肥、深耕深松等措施，使耕地地力保持或提高。

1. 有机质、碱解氮含量较低的农田采用以下方法进行改良。

（1）每亩施用腐熟堆肥 1 000～2 000 kg，并配施尿素 5～10 kg，耕地时翻入。

（2）每亩施用商品有机肥 300～400 kg，并配施尿素 5～10 kg，采用旋耕机耙匀。

（3）每亩施用农作物秸秆（干重）300～400 kg，并配施尿素 5～10 kg，在秋收时进行粉碎和根茬一并耕翻入土。有条件的地方可喷洒秸秆腐熟菌。

（4）种植绿肥，秋冬季在农田种植紫云英、油菜、肥田萝卜等，春耕时深翻入土。

2. 有效磷缺乏的农田土壤改良。每亩施用农作物秸秆（干重）300～400 kg，配施尿素 5～10 kg，并施用钙镁磷肥等碱性磷肥。

3. 速效钾、缓效钾缺乏的农田土壤改良。每亩施用农作物秸秆（干重）300～400 kg，配施尿素 5～10 kg，适当施用氯化钾或硫酸钾。

测土配方施肥试验田

图书在版编目（CIP）数据

高标准农田建设技术操作手册／农业农村部农田建设管理司，农业农村部耕地质量监测保护中心编著．—北京：中国农业出版社，2022.12

ISBN 978-7-109-30395-9

Ⅰ.①高… Ⅱ.①农… ②农… Ⅲ.①农田基本建设—技术手册 Ⅳ.①S28-62

中国国家版本馆 CIP 数据核字（2023）第 020382 号

中国农业出版社出版

地址：北京市朝阳区麦子店街 18 号楼

邮编：100125

责任编辑：王庆宁　　文字编辑：赵世元

版式设计：杨　婧　　责任校对：吴丽婷

印刷：中农印务有限公司

版次：2022 年 12 月第 1 版

印次：2022 年 12 月北京第 1 次印刷

发行：新华书店北京发行所

开本：700mm×1000mm　1/16

印张：11.75

字数：225 千字

定价：45.00 元